Lithiumniobat-Nanokristalle: Präparation, Charakterisierung und Einbindung in isotrope Trägermaterialien

Dissertation zur Erlangung des Doktorgrades
der Technischen Fakultät der Albert-Ludwigs-Universität
Freiburg im Breisgau

vorgelegt von
Bastian Knabe

aus Bonn

Juli 2012

Bibliografische Information der Deutschen Nationalbibliothek
Die Deutsche Nationalbibliothek verzeichnet diese Publikation in der Deutschen Nationalbibliografie; detaillierte bibliografische Daten sind im Internet über http://dnb.d-nb.de abrufbar.
1. Aufl. - Göttingen : Cuvillier, 2012
Zugl.: (TU) Freiburg, Univ., Diss., 2012

978-3-95404-246-3

Nonnenstieg 8, 37075 Göttingen
Telefon: 0551-54724-0
Telefax: 0551-54724-21
www.cuvillier.de

1. Auflage, 2012
Gedruckt auf säurefreiem Papier

978-3-95404-246-3

Selbstständigkeitserklärung

Ich erkläre hiermit, dass ich die vorliegende Arbeit ohne unzulässige Hilfe Dritter und ohne Benutzung anderer als der angegebenen Hilfsmittel angefertigt habe. Die aus anderen Quellen direkt oder indirekt übernommenen Daten und Konzepte sind unter Angabe der Quelle gekennzeichnet. Insbesondere habe ich hierfür nicht die entgeltliche Hilfe von Vermittlungs- oder Beratungsdiensten (Promotionsberaterinnen oder Promotionsberater oder anderer Personen) in Anspruch genommen. Niemand hat von mir unmittelbar oder mittelbar geldwerte Leistungen für Arbeiten erhalten, die im Zusammenhang mit dem Inhalt der vorgelegten Dissertation stehen. Die Arbeit wurde bisher weder im In- noch im Ausland in gleicher oder ähnlicher Form einer anderen Prüfungsbehörde vorgelegt.

Bastian Knabe,
Freiburg, im Juli 2012

Dekan:	Prof. Bernd Becker
Gutachter:	Prof. Dr. Karsten Buse
	Prof. Dr. Harald Giessen
Beisitzer	Prof. Dr. Alexander Rohrbach
	Prof. Dr. Margit Zacharias
Tag der Promotion:	24.09.2012

Inhaltsverzeichnis

1 Kapitel Einleitung

„Hat der Krümmungsradius eines Stoffes, und damit seine Größe, eine Auswirkung auf seinen Phasenübergang?"
Diese Frage stellte Lord Kelvin im Jahr 1871 [1]. Und der damalige wissenschaftlicher Konsensus bestand darin, Phasenübergängen keine Größen- oder Morphologieabhängikeit zuzugestehen. Die Frage ist sehr grundlegend, doch ist ihre Antwort nicht trivial. Untersuchungen zeigten im 20ten Jahrhundert, dass einige Phasenübergänge sehr wohl größenabhängig sind. Die typische Partikelgröße, bei der eine Änderung der Stoffeigenschaften erkennbar wird, ist zumeist kleiner als 100 nm. Die unterhalb dieser Größe auftretenden Effekte sind teilweise gravierend: Bei metallischen Gold-Nanopartikeln kann z. B. über die Partikelgröße, die optische Absorptionslinie um etwa 100 THz verschoben werden [2]. Bei Halbleiter-Nanopartikeln kann durch die Partikelgröße die Fluoreszenz-Emissionswellenlänge variiert werden [3].

Beschränkt man sich auf optische Eigenschaften der Nanopartikel, so liegt ein Schwerpunkt der aktuellen Forschung bei den genannten Metall- und Halbleiter-Nanopartikeln. Die optischen Eigenschaften der metallischen Nanopartikel sind dadurch bestimmt, dass das kontinuierliche Leitungsband in separierte Zustände zerfällt und die Oberflächenplasmonresonanzen durch die Partikelgrößen beeinflusst werden [4]. Für die Eigenschaften der Halbleiter-Nanopartikel, der so genannten Quantenpunkte, sind dagegen exzitonische Effekte relevant [3], also Interaktionen von Elektronen-Loch-Paaren. Wird der Partikeldurchmesser vergleichbar mit dem Exzitondurchmesser, so wird Letzterer beeinflusst und das Exziton ändert seine Energie: Die Emissionswellenlänge wird verschoben. Diese beiden Klassen der Nanopartikel werden aufgrund ihrer neuen optischen Eigenschaften, die allein aus der Partikelgröße resultieren, bereits industriell eingesetzt.

Aber es existiert auch eine intensive Forschungstätigkeit, um eine dritte nanophotonisch nutzbare Materialklasse zu erschließen: Die nichtlinear-optischen Nanokristalle. Für die nichtlineare Optik werden bisher fast ausschließlich Volumenkristalle genutzt. Nichtlinear-optische Effekte bedeuten dabei, dass Laser-Licht kohärent in Licht anderer Wellenlänge umgewandelt werden kann [5]. Die nichtlinear-optische Konversion von Licht kann im Photonenmodell als eine zwei-Photonen-Anregung auf ein virtuelles Zwischenniveau verstanden werden. Da dieses Zwischenniveau virtuell, und nicht reell wie ein Exziton ist, ist eine Kopplung der Anregung an die Kristallgröße unwahrscheinlich; es existiert kein Energieniveau, welches sich verschieben kann. Jedoch ist der Konversionsmechanismus an eine bestimmte Kristallstruktur, nämlich eine Inversionssymmetriebrechung, gekoppelt. Kann der Kristall diese nicht mehr aufrecht erhalten, fällt auch die nichtlinear-optische Konversion weg. Dies wäre z. B. möglich, wenn die Inversionsymmetriebrechung durch die kleine Kristallgröße nicht mehr ausreichend energetisch favorisiert ist. Hier kommt also Lord Rayleighs Frage nach der Größenabhängigkeit des Phasenübergangs wieder auf.

Bevor also nano-photonische Anwendungen realisiert werden können, muss die nichtlinear-optische Konversion der Nanokristalle größenabhängig nachgewiesen und quantifiziert werden. Solche Betrachtungen, inwiefern die Symmetriebrechung der Kristalle größenabhängig ist, finden sich bereits zu Bariumtitanat-Nanokristallen. Theoretische Überlegungen zu diesem Material sagen einen Verlust der Symmetriebrechung bei Kristallgrößen unterhalb von 10 nm voraus, aufgrund thermodynamischer Überlegungen [6, 7]. Experimentell wurde aber nachgewiesen, dass Bariumtitanat-Partikel unterhalb von 50 nm ihre nichtlinear-optischen Eigenschaften verlieren können [8, 9]. Das ist kritisch, denn für optische Anwendungen genutzte Partikel sollten so klein wie möglich sein, um Streuverluste zu minimieren.

Mit der Motivation, ein besseres nichtlinear-optisches Basis-Material für Nanokristalle zu finden, liegt es nahe Lithiumniobat zu nutzen. Lithiumniobat ist eines der meistgenutzten nichtlinear-optischen Materialien. Als ferroelektrischer Kristall ermöglicht Lithiumniobat verschiedene Anwendungen auf dem Gebiet der nichtlinearen Photonik, z. B. Drei-Wellen-Mischungs-Schemata: Die kohärente Verwandlung langwelligen infraroten Laserlichts in sichtbares, oder optisch parametrische Strahlungsumwandlung, die weit durchstimmbare Lichtquellen ermöglicht [10]. Im direkten Vergleich erscheint es für nano-photonische Anwendungen besser geeignet als Bariumtitanat, da seine „Curie-Temperatur" wesentlich höher liegt als die des Bariumtitanats. Die Curie-Temperatur kann dabei als Maß für die Favorisierung der symmetriebrechenden Phase gesehen werden; je höher sie ist, desto stabiler ist die symmetriebrechende Phase.

Über die rein physikalische und materialwissenschaftliche Frage hinaus, ob ein größenabhängiger Phasenübergang der nichtlinear-optischen Kristalle zu finden ist, soll in dieser Arbeit auch die spätere Anwendung im Blick sein. Für die Anwendung wäre es z. B. sehr reizvoll, die Nanokristalle mit Träger-Flüssigkeiten oder -Polymeren zu verbinden und so Hybridmaterialien maßzuschneidern. Diese Hybridmaterialien weisen dann Effekte der nichtlinear-optischen Volumenkristalle auf, sind aber so leicht zu verarbeiten und günstig wie die Träger. Zwischen den Extremen der strengen Struktur und Symmetrie von Kristallen und der Isotropie der amorphen Trägermaterialien, können so die genauen Eigenschaften eingestellt werden. Ein eindrucksvolles Beispiel, für eine erfolgreiche Hybridisierung zwischen amorphen Trägermaterialien und Nanopartikeln, bieten hier Ferrofluide, bei denen ferromagnetische Nanopartikel suspendiert in Flüssigkeiten effektiv ferromagnetische Flüssigkeiten erzeugen [11].

Betrachtet man die Vorarbeiten auf dem Gebiet der nano-photonischen Anwendungen nichtlinear-optischer Kristalle, so findet man bisher nur wenig Literatur. Die Realisierung von sub-Wellenlängen-Lichtquellen mit Hilfe der nichtlinear-optischen Kristalle wurde untersucht [12–16]. Die Verwendung der Partikel als mikroskopische Bio-Marker ergab sich direkt daraus. Sie sind langfristig stabiler als Floureszenzmoleküle und zuverlässiger in ihrer Antwort als Quantenpunkte [14, 17]. Die Erzeugung der zweiten Harmonischen wurde bereits an einzelnen 90-nm-großen Bariumtitanatkristallen gezeigt, um sie als solche mikroskopische Markierungen einzusetzen. Dabei wurde allerdings kein Schwerpunkt auf die quantitativen Messungen der erzeugten Strahlung oder die nichtlinearen Koeffizienten gelegt [17, 18].

Erste Hybridmaterialien, bestehend aus Lithiumniobat-Nanokristallen und photorefraktiven Polymeren, zeigen, dass Kristallkonzentrationen in der Größenordnung von ppm bzw. einigen ppb Einfluss auf die Gesamteigenschaften haben [19]. Will man aber Hybridmaterialien erzeugen, die alle oben erwähnten optischen Anwendungen des Lithiumniobats auf Nanokristall-Ensembles übertragen, so ist die Phasenanpassungsbedingung zur effizienten nichtlinear-optischen Konversion zu erfüllen. Dabei müssen die Beträge der beteiligten Wellenvektoren im Medium aneinander angepasst werden. Die Quasi-Phasenanpassung bietet sich hierbei als flexibles Verfahren an [20]. Hier wird mit Hilfe einer räumlichen Strukturierung der ferroelektrischen Domänen ein Gittervektor erzeugt, der die Differenzen der beteiligten Lichtwellenvektoren kompensiert. Für das Hybridmaterial bedeutet dies, dass die Nanokristalle eine bestimmte periodische Ausrichtung der Kristallachsen einhalten müssen. Einfaches Einbringen des nanostrukturierten Pulvers in amorphe Trägermaterialien erzeugt dagegen immer zunächst zufällig orientierte Kristallinklusionen. Es muss also ein Ausrichtungsmechanismus gefunden werden.
Die Fragestellungen dieser Dissertation lassen sich demnach zusammenfassen:

- Wie stellt man Lithiumniobat-Nanokristalle in variablen Größen her? Welcher Prozess kann ausreichend Material erzeugen, um Hybridmaterialien sinnvoll zu ermöglichen?
- Findet die nichtlineare Konversion an einzelnen Nanokristallen genauso statt, wie man es von Volumenkristallen kennt?
- Wie richtet man ein Ensemble der Lithiumniobat-Nanokristalle aus? Und wie kann man die erzeugte Ausrichtung manipulieren?

Zur Bearbeitung der ersten Fragestellung wird ein Sol-Gel-Syntheseprozess verwendet, der robust ist und zuverlässig Kristalle erzeugt. Die Kristalle weisen dabei eine unimodale reproduzierbare Größenverteilung auf, mit einem mittleren Durchmesser von etwa 30 nm. Um kleinere Kristalle untersuchen zu können, kaskadieren wir den Syntheseprozess mit einer nass-chemischen Ätzung der Nanokristalle, dabei werden die Kristalldurchmesser auf bis zu 5 nm reduziert.

Mit Hilfe des Nachweises der erzeugten zweiten Harmonischen wird die nichtlinear-optische Konversion in Einzelkristallen quantifiziert. Die daraus bestimmten nichtlinear-optischen Koeffizienten werden mit den Werten verglichen, die von Volumenkristallen bekannt sind.

Als Modellsystem für ein Hybridmaterial dient eine Heptan-Nanokristall-Suspension. An diesem Heptan-Nanokristall-Modellsystem wird die Ausrichtung eines Kristallensembles durch elektrische Felder untersucht. Für einen zweiten unabhängigen Parameter, der die Ausrichtung steuert, wird darüber hinaus die Manipulation der feldinduzierten Ausrichtung mit Hilfe des pyroelektrischen Effekts untersucht.

Nach der Klärung dieser grundlegenden Fragen, kommt man der realen Anwendung der Hybridmaterialien näher. Der Weg zu maßgeschneiderten Eigenschaften ist steinig, aber um es in den Worten von Richard Feynman auszudrücken „There's plenty room at the bottom."[21]

2 Kapitel Lithiumniobat-Nanokristalle

In der Einleitung wurden die primären Aufgaben durch drei Fragen gegliedert. Diese geben die grundsätzliche Gliederung dieser Dissertation vor. In diesem Kapitel wird die erste Frage bearbeitet und beantwortet: Wie stellt man Lithiumniobat-Nanokristalle in variablen Größen her?

Doch zunächst ist es wichtig, das Material Lithiumniobat mit seinen Eigenschaften vorzustellen. Dabei spielt seine Ferroelektrizität eine wichtige Rolle.

2.1 Kristalleigenschaften

2.1.1 Ferroelektrizität

Die erste Beschreibung der Effekte der Ferroelektrizität findet sich in einer Untersuchung des Kaliumnatriumtartrat-Tetrahydrats ($NaKC_4H_4O_6 \cdot 4H_2O$), damals noch „Seignette-Salz" genannt [22]. Über die Jahre hinweg wurden an hunderten Kristalltypen ferroelektrische Eigenschaften nachgewiesen. Ferroelektrika bilden als Materialklasse eine Untergruppe der Pyro- und der Piezoelektrika. Abbildung 2.1 zeigt schematisch die Hierarchie der Effekte und die zugeordneten Punktgruppen. Durch diese Ordnung zeigen Ferroelektrika alle Eigenschaften der übergeordneten Materialklassen, so dass ein kurzer Überblick über die Eigenschaften der einzelnen Materialklassen sinnvoll ist.

Piezoelektrika zeichnen sich dadurch aus, dass eine mechanische Spannung entlang bestimmter Kristallachsen eine Ladungsänderung der Kristalloberflächen erzeugt. Dies wird als „direkter piezoelektrischer Effekt" bezeichnet. Er basiert darauf, dass die mechanische Spannung zu einer Deformation der kristallinen Einheitszelle führt, was Ladungsschwerpunktsverschiebungen der Einheitszellen erzeugt. Notwendiges Kriterium für die Piezoelektrizität in Kristallen ist ein fehlendes Inversionszentrum der Kristall-Punktgruppe. Über das fehlende Inversionszentrum hinaus, ist des Weiteren eine sogenannte „polare Achse" notwendig. Eine Kristallachse wird als polar bezeichnet, wenn bei 180°-Drehung des Kristalls keine symmetrieäquivalente Achse existiert [23].

Pyroelektrika bilden eine Untergruppe der Piezoelektrika. Sie zeichnen sich im mechanisch unbelasteten Zustand durch eine spontane elektrische Polarisierung entlang der polaren Achse aus. Diese Polarisierung ändert sich bei einer Temperaturänderung, was zu geladenen Kristalloberflächen führt [23].

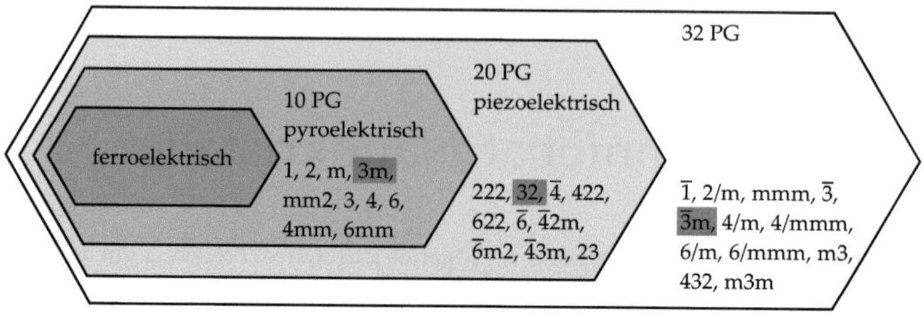

Abbildung 2.1: *Schematische Darstellung der Hierarchie der symmetriebedingten Effekte in Kristallen. Die Gruppe der Kristalle, die Piezoelektrizität zeigen, ist eine Untergruppe aller 32 Punktgruppen (PG). Die Klasse der pyroelektrischen Kristalle ist wiederum davon eine Untergruppe. Die einzelnen PGs sind in der kleinsten, allgemein zutreffenden Gruppe eingetragen. Die Klasse der Ferroelektrika hat keine allgemeinen Punktgruppen, sondern nur einzelne Kristalltypen. Die drei einzeln gekennzeichneten PGs sind Elemente der trigonalen Lauegruppe* $\bar{3}m$.

Ferroelektrika zeichnen sich dadurch aus, dass ihre Spontanpolarisierung durch Anlegen eines ausreichend hohen externen elektrischen Feldes umgekehrt werden kann. Das bedeutet, dass jeder ferroelektrische Kristall gleichzeitig sowohl pyro- als auch piezoelektrisch ist. Die Ferroelektrika können allerdings nicht an gewissen Symmetrieüberlegungen identifiziert werden, sondern sie müssen experimentell unter den Pyroelektrika gesucht werden. Die Spontanpolarisierung eines Ferroelektrikums existiert unterhalb einer kritischen Temperatur, der sogenannten „Curie-Temperatur" T_c. Bei dieser Temperatur findet ein Phasenübergang statt, die Gitterparameter und die Kristallsymmetrie ändern sich [24], der Kristall wird paraelektrisch [23].

Ähnlich zu ferromagnetischen Domänen bilden sich auch ferroelektrische Domänen aus. Diese sind Bereiche, in denen die Richtung der Spontanpolarisierung gleich ist. In einem trigonalen Kristallsystem sind z. B. nur zwei zueinander antiparallele Spontanpolarisierungsrichtungen erlaubt. Ferroelektrische Nanokristalle sind kleiner als die charakteristische Domänengröße [25, 26]. Das bedeutet, dass sie eindomänig sind, wenn sie nicht von einem sehr lokalisierten und starken elektrischen Feld ortsselektiv umgepolt werden.

Die Spontanpolarisierung ist eine rein kollektive Eigenschaft eines Kristallgitters. Grundsätzlich ist hier die Frage, ob Pyro- und Ferroelektrika ihre Eigenschaften behalten, wenn die Einzelkristalle immer kleiner werden. Das Kollektiv wird immer kleiner, bis bei Nanokristallen irgendwann nur ein paar Dutzend Einheitszellen beitragen können. Es gibt zu diesem Thema veröffentlichte ab-initio-Kalkulationen, die insbesondere die Ferroelektrizität von nanoskaligen Perovskiten betrachten [6]. Diese Kalkulationen sagen ein Verschwinden der Spontanpolarisierung unterhalb einer kritischen Kristallgröße voraus: Die Curie-Temperatur koppelt an die Kristallgröße [9], so dass Kristalle unterhalb der kritischen Größe keine spontanpolarisierte Phase mehr haben können. Aufgrund der neuen, postulierten Eigenschaften der

Materialien unterhalb dieser kritischen Kristallgröße, wird sie als „superparaelektrische Grenze“ („superparaelectric limit“) bezeichnet. Für Perovskite, wie z. B. Bariumtitanat ($BaTiO_3$) oder Blei-Zirkonat-Titanat ($Pb[Zr_xTi_{1-x}]O_3$), ergibt sich eine rechnerische superparaelektrische Grenze von etwa 10 nm [7]. Die tatsächliche Kristallgröße bei der Perovskite die superparaelektrischen Grenze erreichen ist teilweise unklar. In der Literatur gibt es widersprüchliche Daten: Die Werte reichen von unter 10 nm [27, 28] bis hin zu 120 nm [29]. Für $LiNbO_3$ sind nur wenige Arbeiten zu finden, die sich mit dem ferroelektrischen Verhalten nanoskaliger Kristalle beschäftigen, daher wird diese Fragestellung im Weiteren immer wieder auftauchen.

2.1.2 Lithiumniobat

Lithiumniobat ($LiNbO_3$) ist ein ferroelektrischer oxidischer Kristall mit der Schmelztemperatur $T_{\mathrm{ST}} = 1520\,\mathrm{K}$ [30]. Die erste Erwähnung von $LiNbO_3$ in der wissenschaftlichen Literatur findet man 1928 [31], die erste Beschreibung der ferroelektrischen Eigenschaften etwa zwanzig Jahre später [32]. Er besteht aus trigonalen Sauerstoffebenen, zwischen denen sich die Metallionen befinden. Bis zur Curie-Temperatur $T_{\mathrm{c}} = 1411$ K sind die Metallionen gegenüber den Sauerstoffebenen entlang einer gemeinsamen Achse verschoben [33]. Unterhalb der Curie-Temperatur weist der der Kristall in seiner ferroelektrischen Phase die Punktgruppe $3m$ auf, oberhalb der Curie-Temperatur ist er paraelektrisch mit der Punktgruppe $\bar{3}m$ (siehe dazu auch Abb. 2.1). Die Spontanpolarisierung beträgt bei Raumtemperatur $P_{\mathrm{s}} = 0{,}71$ C/m^2 [34].

Kristallines $LiNbO_3$ ist synthetisch und kommt in der Natur sonst nicht vor. Volumenkristalle werden großtechnisch mit dem Czochralski-Verfahren aus einer Schmelze hergestellt. Die polare Achse, entlang derer die Ionen verschoben sind, und die auch gleichzeitig die Drehsymmetrieachse ist, wird im hexagonalen Koordinatensystem als „c-Achse“ bezeichnet, im kartesischen Koordinatensystem als „z-Achse“. Senkrecht dazu stehen die für diesen Kristall äquivalenten „a-“ und „b-Achsen“. Die a- und b-Achsen sind definiert durch die Verbindungen innerhalb einer Sauerstoffebene, mit einem 120°-Winkel zwischen sich. Die kartesischen Achsen definieren sich so, dass die x-Achse mit der a-Achse zusammenfällt und y als Linearkombination aus a und b gewählt wird, um Rechtwinkligkeit zu erzeugen. Für eine schematische Darstellung der Kristallstruktur und der Achsen siehe Abb. 2.2a. Abbildung 2.2b zeigt die Kristallstruktur in Aufsicht, entlang der c-Achse. Die abc-Darstellung ist nicht intuitiv, da sie nicht kartesisch ist, erleichtert aber Überlegungen, wenn es um Symmetrie-erzeugte Effekte geht.

Diese ausgeprägte Axialität des Kristalls ist in allen Materialeigenschaften wiederzufinden, z. B. auch in den anisotropen elektrischen Permittivitäten des Kristalls. Der relative Dielektrizitätstensor $\epsilon_{ij}^{(\mathrm{r,s})}$ hat für statische elektrische Felder, mit der Feldstärke E, die Komponenten $\epsilon_{11}^{(\mathrm{r,s})} = \epsilon_{22}^{(\mathrm{r,s})} = 84{,}1$ und $\epsilon_{33}^{(\mathrm{r,s})} = 28{,}1$ [30]. Für elektrische Felder im Frequenzbereich des sichtbaren Lichts, in dieser Arbeit zur Unterschei-

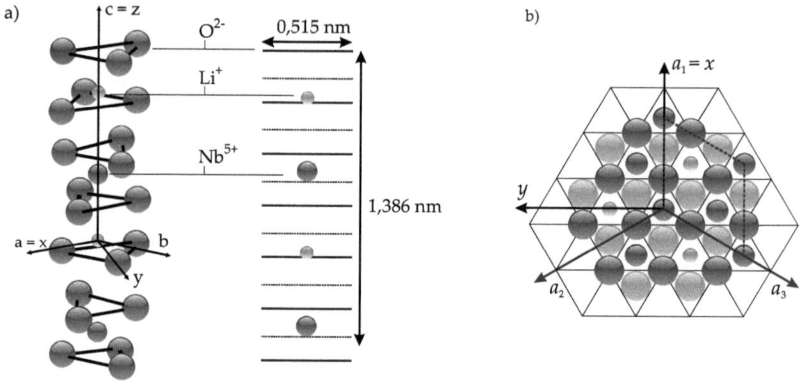

Abbildung 2.2: *a) Kristallstruktur des $LiNbO_3$, in Anlehnung an [30]. Die Sauerstoff-Ionen (hier in grau) bilden Ebenen aus. Die Mittelpositionen zwischen den Ebenen sind gestrichelt gekennzeichnet. Lithium ist hier in orange, Niob in blau dargestellt. Die c- bzw. z-Achse ist durch die Drehsymmetrieachse definiert. Die typischen hexagonalen Einheitszellengrößen sind in z- und x-Richtung eingetragen. b) Sicht entlang der c-Achse, die dunklen Sauerstoffatome machen die obere, die hellen die untere Sauerstoffebene aus. Die drei äquivalenten a-Achsen zeigen die dreizählige Drehsymmetrie. Senkrecht zu den a-Achsen existiert eine Spiegelachse. Gestrichelt ist die hexagonale Einheitszelle dargestellt.*

dung durch $\mathcal{E}$ bezeichnet, ist es üblich, die relative Permittivität als Brechungsindex $n = \sqrt{\epsilon^{(\mathrm{r},\nu)}}$ darzustellen, diese sind für $LiNbO_3$ in Tab. 2.1 aufgeführt.

λ [nm]	n_o	n_e
532	2,3247	2,2355
633	2,2866	2,2028
1064	2,1580	2,2407

Tabelle 2.1: Brechungsindizes von $LiNbO_3$ bei verschiedenen Wellenlängen λ bei 24,5 °C [30].

Dabei bezeichnet $n_\mathrm{e} = \sqrt{\epsilon_{33}^{(\mathrm{r},\nu)}}$ den außerordentlichen Brechungsindex und $n_\mathrm{o} = \sqrt{\epsilon_{11}^{(\mathrm{r},\nu)}} = \sqrt{\epsilon_{22}^{(\mathrm{r},\nu)}}$ den ordentlichen Brechungsindex.
Um die Leitfähigkeit der Nanokristalle abzuschätzen, wird hier die Leitfähigkeit von Volumenkristallen bei Raumtemperatur und ohne Beleuchtung $\sigma \approx 10^{-13}$ $(\Omega\mathrm{cm})^{-1}$ benutzt [35].

2.2 Probenpräparation

Das Ziel ist, Lithiumniobat-Nanokristalle herzustellen, mit einem Durchmesser kleiner als 50 nm und in trockener Pulverform. Die Pulverform wird benötigt, damit sie in unterschiedliche Träger eingebracht werden können. Für eine sinnvolle Nutzung ist es notwendig, eine Herstellungsmethode zu wählen, die einige Gramm pro Ansatz erzeugen kann.

Zur Herstellung der Nanokristalle gibt es zwei grundsätzlich unterschiedliche präparative Ansätze: Man kann entweder mit makroskopischen Volumenkristallen starten und ihre Größe auf irgendeine Weise verringern, bis sie nanoskopisch werden. Diese Methode wird meist als „top-down"-Methode („von oben hinab") bezeichnet. Oder man startet mit den chemischen Grundstoffen und synthetisiert daraus die einzelnen Nanokristalle. Diese Methode wird meist als „bottom-up"-Methode („von unten hinauf") bezeichnet.

Wenn ein Material so leicht erhältlich ist, wie Czochralski-gezogene Lithiumniobatkristalle, dann ist die „top-down"-Methode auf den ersten Blick sehr attraktiv. Die Ausgangskristalle sind sehr leicht, preiswert, in beliebigen Mengen, mit genau spezifizierter Qualität und chemischer Zusammensetzung zu beschaffen. Hier ist die Forderung nach ausreichender Menge also sehr leicht zu erfüllen. Tatsächlich finden sich auch einige wissenschaftliche Arbeiten, die nanokristallines $LiNbO_3$ durch Hochenergie-Kugelmahlen herstellen [36–39]. Dieser Weg wurde zunächst auch für diese Arbeit verfolgt. Es stellt sich aber heraus, dass Kristallgrößen kleiner als 100 nm nur durch sehr lange und intensive Mahlprozedzuren zu erreichen sind. Selbst wenn sie erreicht werden, besitzen die Kristalle alles andere als eine sphärische Morphologie. Kleine Kristallgrößen sind nur erzielbar, wenn Abrieb des Mahlwerkzeugs in Kauf genommen wird.

Ein Problem stellt auch der Mahlmechanismus dar. Unterhalb einer gewissen Größe brechen die Kristalle nicht mehr. Stattdessen werden die obersten Lagen des Kristalls durch die mechanischen Belastungen amorphisiert und dann abgeschert. Ein Nachweis dieses Mechanismus an gemahlenen, nanostrukturierten $LiNbO_3$ findet sich z. B. bei Heitjans et al. [40]. Ein Großteil des Pulvers, welches am Ende des Mahlvorgangs gewonnen wird, ist weder kristallin noch $LiNbO_3$. Es ist stattdessen ein Gemisch aus kristallinem Lithiumniobat, amorphem Lithiumniobat, Lithiumoxid, Nioboxid und Bestandteilen des Mahlwerkzeuges in variablen Anteilen.

Dieses ernüchternde Ergebnis des intuitiveren Ansatzes bringt somit den „bottom-up"-Ansatz in den Vordergrund. In der Fachliteratur finden sich sehr unterschiedliche Methoden, $LiNbO_3$-Nanokristalle zu synthetisieren, z. B. Sol-Gel-Synthese [41, 42], weich-chemische Ansätze [43] und hydrothermale Ansätze [44]. Von diesen verschiedenen Methoden ist die Sol-Gel-Synthese die wohl robusteste, und die hergestellte Menge lässt sich leicht auf mehrere Gramm skalieren. Zusätzlich erzeugt sie die Partikel in Pulverform. Ein Nachteil der Sol-Gel-Synthese ist jedoch, dass die Partikel unmittelbar nach der Kristallisation agglomeriert vorliegen. Bevor sie verwendet werden können, müssen sie vereinzelt werden. Insgesamt verbleibt jedoch die Sol-Gel-Synthese als der sinnvollste „bottom-up"-Ansatz.

2.2.1 Synthese

Der Grundprozess des Sol-Gel-Ansatzes, um $LiNbO_3$-Nanokristalle herzustellen, findet sich bei Pooley et al. [42]. Der Prozess wurde von uns angepasst und erweitert, z. B. um die Möglichkeit, die Kristalle dotieren zu können [45]. Bei dem Sol-Gel-Ansatz handelt es sich um eine metall-organischen Synthese, bei dem die konstituierenden Metalle des Kristalls an Ethanol-Liganden gebunden eingebracht werden. Die Liste der verwendeten Edukte ist in Tabelle 2.2 angegeben. Die komplette Reaktionsgleichung hierfür lautet

$$\begin{aligned} \mathrm{Nb(OEt)_5 + LiOEt + 6H_2O} &\rightarrow \mathrm{LiNb(OH)_6 + 6EtOH} \\ \mathrm{LiNb(OH)_6 + O_2} &\rightarrow \mathrm{LiNbO_3 + H_2O \uparrow} . \end{aligned}$$

Edukt	Reinheit	Hersteller
Lithiumethanolat [$Li(CH_3CH_2O)$]	95%	Aldrich
Niobethanolat [$Nb(CH_3CH_2O)_5$]	98%	H. C. Stark
Ethanol [CH_3CH_2OH]	99.9%	Merck
Wasser [H_2O]	doppelt destilliert	Wittig

Tabelle 2.2: *Eduktliste für die Synthese der Lithiumniobat-Nanokristalle.*

Der Ablauf der Synthese ist in Abb. 2.3 schematisch dargestellt. Das Einwiegen und Befüllen des Reaktionsbehälters wurde in einer Glove-Box unter inerter, getrockneter Stickstoffatmosphäre durchgeführt, da die Edukte in Kontakt mit der Luftfeuchtigkeit ungewollt zu den entsprechenden Hydroxiden reagieren würden. Als Reaktionsgefäß wurde ein Erlenmeyerkolben mit Normschliff und Glasstopfen verwendet.

Zunächst wurden äquimolare Mengen Lithiumethanolat und Niobethanolat in Ethanol gelöst. Typische Mengen waren hier 0,396 g $Li(CH_3CH_2O)$ und 2,39 g $Nb(CH_3CH_2O)_5$ und etwa 100 ml Ethanol. Das ergibt einen molaren Anteil des Lithiums an der Gesamtmenge der Metallionen von 50,3%. Das ist leicht höher als das ideale 50%-Verhältnis, da Lithiumionen sehr mobil sind und so selbst bei einer möglichen Ausdiffusion die Kristallzusammensetzung nicht so Lithium-defizitär wird, dass sich andere Kristallphasen ausbilden, wie z. B. $LiNb_3O_8$. Danach wurde das Reaktionsgefäß mit den Reaktanden verschlossen und für 24 Stunden bei 80 °C in einem Silikonöl-Wärmebad durch einen Magnetrührer mit etwa 800-1000 Umdrehungen pro Minute gerührt.

Nach der ersten Reaktionszeit wurde die Temperatur auf 70 °C gesenkt. Unter ständigem Rühren wurden durch Zugabe von deionisiertem Wasser die metallorganischen Reaktanden zu Lithiumniobhydroxid hydrolisiert. Eine typische Menge des deionisierten Wassers war hierbei 2 ml. Das Hydroxid fällt als viskoses, weißes Gel aus. Das schnelle Rühren verhindert ein Eindicken im Reaktionsgefäß. Danach wurde das Reaktionsgefäß wieder verschlossen und unter weiterem Rühren für weitere

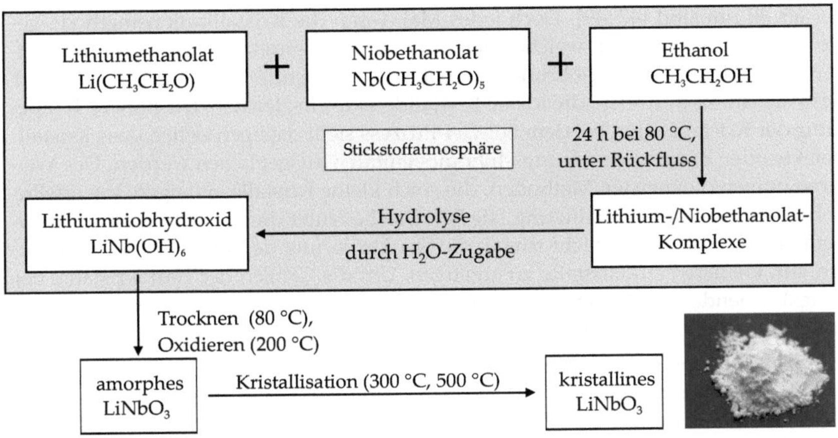

Abbildung 2.3: *Synthese-Flussdiagramm des verwendeten Sol-Gel-Prozesses für $LiNbO_3$-Nanokristalle.*

24 h auf 70 °C gehalten, um die vollständige Hydrolyse zu garantieren. Das erzeugte Gel wurde im Anschluss in einem Ofen bei 200 hPa Druck und 80 °C getrocknet. Die dabei entstehenden ca. 1 mm^3 großen Bröckchen wurden in einem Achat-Mörser zerstoßen, was ein weißes Pulver erzeugt.

Für die abschließenden Arbeitsschritte wurde das Pulver so dünn wie möglich auf Platinfolie verteilt und zuerst für 3 Stunden bei 200 °C, für 2 Stunden bei 300 °C und für eine Stunde bei 500 °C getempert. Das Tempern wurde beendet, indem das Platinschiffchen zügig aus dem Ofen entfernt wurde. Die Heizraten zwischen den Temperaturstufen betrugen jeweils 6 °C/min, und es wurde für das komplette Tempern ein 0,5 l/min Fluss reinen Sauerstoffs eingestellt. Ziel der ansteigenden Temperatur des Prozesses ist, bei 200 °C das $LiNb(OH)_6$ zuerst zu amorphem $LiNbO_3$ zu oxidieren, bei 300 °C lokale Kristallkeime zu schaffen und bei 500 °C das gesamte Material durchzukristallisieren. Dieses Schema wird gestützt durch dynamische Differenzkalorimetrie-Untersuchungen, bei denen im Bereich um 150 °C und 500 °C endotherme Reaktionen nachgewiesen wurden [46]. Die Reaktionen entsprechen jeweils der Lösungsmittelevaporation und Oxidation, sowie der Kristallisation.

2.2.2 Kristallgrößenreduktion durch nass-chemisches Ätzen

Nanokristalle sind meist um so attraktiver für optische Anwendungen, je kleiner sie sind. Zum Beispiel nimmt die Rayleigh-Lichtstreuung für ein einzelnes Partikel mit der sechsten Potenz seines Durchmessers ab. Zusätzlich gilt es, die Fragestellung zu bearbeiten, welche Entwicklung die nichtlinear-optischen Eigenschaften vollziehen, wenn die Kristalle kleiner werden. Es gibt eine Anzahl von Veröffentlichungen, die Methoden präsentieren, welche direkt $LiNbO_3$-Nanokristalle erzeugen, die kleiner als 30 nm sind [47–49]. Doch jedes Mal, wenn die Kristallisationsmethode gewechselt wird, ist unklar, welche chemische Zusammensetzung die Kristalle besitzen. Außerdem ist unklar ob und ggf. wie stark ordnende Mechanismen während des Wachstums auftreten, die lokale Kristalldefekte ausgleichen. Die höhere Temperatur der Kristallisation bei dem Sol-Gel-Prozess stellt dagegen sicher, dass Kristalldefekte oder Zusammensetzungs-Inhomogenitäten ausgeglichen werden. Des Weiteren nutzen die meisten Methoden, die solch kleine Kristalle erzeugen, irgendeine Form der Templat-Unterstützung [48–50]. Das bedeutet die Kristalle wachsen in einem „Baugerüst". Es ist nicht trivial, die Strukturierung des Templats neuzugestalten, um kleinere Nanokristalle zu erzeugen. Um die Größen der Nanokristalle, bei gleichbleibender Kristallqualität, variieren zu können, ist also eine Nachprozessierung angebracht, die die Ausgangs-Nanokristalle noch kleiner macht.

Entscheidet man sich für eine Nachprozessierung, also einen anschließenden „top-down"-Schritt, so sollte die Nachprozessierung möglichst gering gehalten werden, um effizient zu sein: Man kann sich leicht überlegen, dass die individuelle Verkleinerung der Kristalle schnell zu einem massiven Verlust des Gesamt-Probenvolumens führt. Würde man z. B. Kristalle von 100 nm auf 10 nm verkleinern, so würde der Durchmesser um den Faktor 10 sinken, die Volumenkonzentration aber um den Faktor 1000. Das bedeutet, dass die optimale Methode, Nanokristalle mit variabler, einstellbarer Größe mit gleichbleibender Qualität herzustellen, am besten aus einer Kombination aus „bottom-up"- und „top-down"-Methoden besteht. Daher wurden für diese Arbeit die Nanokristalle durch nass-chemisches Ätzen, mit Hilfe von Flusssäure, nachprozessiert. Das Ätzen von Lithiumniobat-Volumenkristallen durch Flusssäure ist wohlbekannt [51]. Die Ätzrate bei Volumenkristallen ist sehr anisotrop, also unterschiedliche Kristallflächen werden unterschiedlich schnell aufgelöst [52]. Dieses differentielle Ätzverhalten wird angewendet, um in Volumenkristallen Domänenstrukturen zu visualisieren, oder um Volumenkristalle zu mikro- oder nanostrukturieren [53]. Literatur zum Ätzen von nichtlinear-optischen Nanokristallen beschränkt sich dagegen bisher auf das Ätzen von $BaTiO_3$-Nanokristallen [54]. Die von Qin et al. vorgestellte Arbeit beschränkt sich dabei darauf, das Ätzverhalten des Barium-defizitären Randbereichs zu untersuchen und Nanokavitäten zu generieren. Es wurde nicht unter Größenreduktionsüberlegungen geätzt.

Ätzverfahren und Probenbenennung

Für die Nachprozessierung durch nass-chemisches Ätzen wurde das Sol-Gel-synthetisierte Pulver in Ethanol suspendiert. Dazu wurde 1 g des Nanokristallpulvers zusammen mit 15 ml Ethanol für 15 min bei 600 UpM in einer Planeten-Kugelmühle PM 100 von Retsch mit einer Mahlgarnitur aus Yttrium-stabilisiertem Zirkonoxid ($Y{:}ZrO_2$) suspendiert. Das Mahlwerkzeug bestand aus 40 g $Y{:}ZrO_2$-Mahlkugeln mit 0,4 mm Durchmesser. Verbleibende Agglomerate wurden anschließend mit Hilfe eines hydrophoben PTFE-Filters, mit 200 nm Porengröße, aus der

Suspension entfernt. Diese Suspension wird als „AG" („as-grown") bezeichnet, sie dient als Ausgangsmaterial für die weitere Nachprozessierung.

Für jede Charge werden 300 µl der AG-Suspension in einen 1,5-ml-Reaktionsbehälter aus Polypropylen gefüllt. Die Größenreduktion wird initiiert durch Zugabe von 15, 30 und 60 µl 40%-Flusssäure (HF). Dies erzeugt in den Proben jeweils Flusssäurekonzentrationen mit 2,6% HF, 5,0% HF und 9,2% HF. In molarer Konzentrationsangabe betragen diese 95 mM, 180 mM und 335 mM. Die Reaktionsbehälter werden in einem Ultraschallbad für 5 bis 30 min bei 50 °C aufbewahrt, um das Ätzen durchzuführen. Das Ultraschallbad dient dabei der ständigen Redispergierung der Suspension. Das Ätzen wird nach der gewünschten Zeit beendet, indem der Reaktionsbehälter bei 2000 UpM zentrifugiert wird und die Ethanol/HF-Lösung mit Hilfe einer Pipette abgesaugt wird. Zusätzlich wird danach 500 µl einer 5% Ammoniaklösung in den Reaktionsbehälter pipettiert, um jegliche Reste der Flusssäure zu neutralisieren. Danach wird noch einmal zentrifugiert und die verbleibende Ammoniaklösung abgesaugt.

Es wurde bewusst von dem üblichen Flusssäure-Neutralisationsverfahren abgewichen. Das sonst verwendete Calciumhydroxid ($Ca(OH)_2$) erzeugt bei der Redox-Reaktion mit Flussäure das wasserunlösliche Calciumflourid (CaF_2). Dieses fällt als kleine Partikel aus, verbleibt selbst bei Zentrifugierung in der Charge und hinterlässt so partikuläre Verunreinigungen. Der Vorteil der Nutzung von Ammoniak als Base liegt darin, dass das erzeugte Ammoniumflourid (NH_4F) wasserlöslich ist. Es kann also rückstandslos entfernt werden. Das verbleibende NH_4F wird durch zwei Spülungen entfernt. Diese bestehen daraus, 800 µl deionisiertes Wasser hinzuzufügen, die Partikel mit Hilfe des Ultraschallbads zu dispergieren, die Probe zu zentrifugieren und das Wasser wieder abzusaugen. Nach der letzten Spülung wurden die Partikel in 300 µl Ethanol erneut redispergiert. Tabelle 2.3 zeigt eine Übersicht der so erzeugten Chargen, ihre Ätzzeit und die jeweilige Säurekonzentration. Die Namen setzen sich dabei aus dem Kürzel der relativen Säurekonzentration („low", „medium" und „high"), sowie ihrer Ätzzeit zusammen.

Ätzzeit [min]	2.6% HF 95 mM	5.0% HF 180 mM	9.2% HF 335 mM
0	AG	AG	AG
5	-	M5	-
10	-	M10	H10
15	L15	-	-
20	-	M20	H20
30	L30	M30	-

Tabelle 2.3: *Bezeichnungen der geätzten Proben mit der jeweiligen Säurekonzentration.*

2.2.3 Ablagerung der Nanokristalle auf Substraten

Um die nichtlinear-optische Konversion der Nanokristalle untersuchen zu können, müssen sie vereinzelt auf einem transparenten Substrat abgelagert werden. Als Substrat eignet sich hierfür Glas. Es ist sehr transparent, ein Standardmaterial und als Oxid ist die resultierende Adsorption der Kristalle an die Substratoberfläche stark. Um die Nanokristalle auf der Substratoberfläche zu deponieren, werden sie in Ethanol suspendiert. Ein Tropfen dieser Suspension wird dann auf einen Mikroskopie-Glasträger getropft. Abbildung 2.4 zeigt den Vorgang schematisch: Der Tropfen verdampft innerhalb weniger Minuten und zieht sich dabei durch die Oberflächenspannung zusammen. An dem sich zurückziehenden Rand des Tropfens lagern sich einzelne Kristalle aus der Suspension ab. Da das Ethanol eine gewisse Polarität aufweist, sind die Kristalle bei geringen Konzentrationen in der Suspension vereinzelt und haben einen hohen Abstand zueinander, wodurch sie auch bei der Ablagerung sehr wahrscheinlich vereinzelt bleiben.

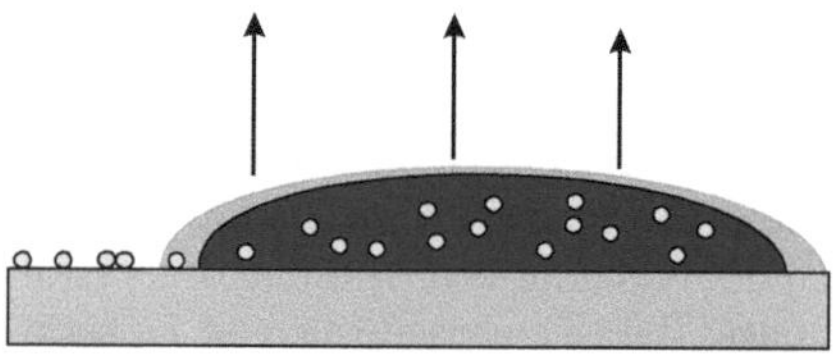

Abbildung 2.4: *Schematische Darstellung der Deposition der Nanokristalle auf einem Glassubstrat. Die Kristalle sind in Ethanol suspendiert. Die Verdampfung des Ethanols lässt die benetzte Fläche schrumpfen, und im Randbereich lagern sich die Nanokristalle ab.*

Die Ablagerungsdichte der Kristalle ist durch die Partikelkonzentration in der Suspension kontrollierbar. Für die spätere optisch-nichtlineare Untersuchung wird die Konzentration der Nanokristalle in der Ethanolsuspension so eingestellt, dass weniger als ein Kristall pro 10 μm^2 deponiert wird. Abbildung 2.5 zeigt eine lichtmikroskopische Aufnahme eines so präparierten Substrates. Verbleibende Reste des Ethanols werden entfernt, in dem das Substrat für eine Minute auf einer Heizplatte auf 200 °C erhitzt wird. Dies verdampft den restlichen Ethanol und verbessert die Adsorption der Kristalle auf dem Substrat.

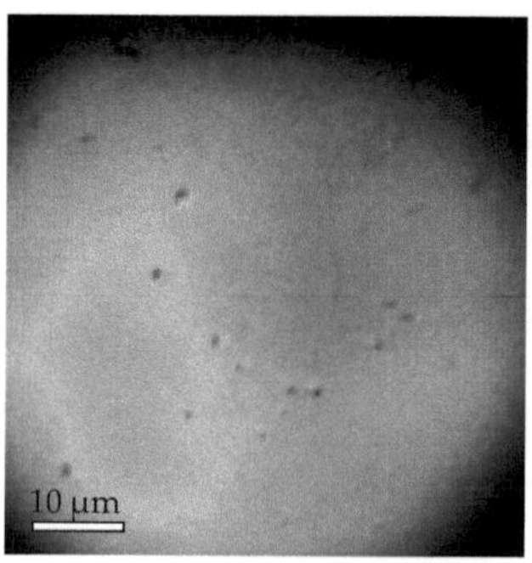

Abbildung 2.5: *Lichtmikroskopische Aufnahme eines Glassubstrats mit deponierten Nanokristallen. Die Nanokristalle sind anhand ihrer Lichtstreuung als dunkle Punkte erkennbar. Ein Bildpunkt entspricht $0{,}3 \times 0{,}3\ \mu m^2$. Die Airy-Scheibe hat bei dieser Mikroskopoptik eine Ausdehnung von etwa $0{,}5 \times 0{,}5\ \mu m^2$.*

2.2.4 Nanokristall-Suspensionen

Materialien, insbesondere Kristalle, können ein elektrisches Oberflächenpotential besitzen, das sogenannte „Nernst-Potential" [55]. Dieses sorgt dafür, dass sich Ionen aus einer Flüssigkeit an der Oberfläche des Materials anlagern, wenn dieses immersiert wird. Dieses Nernst-Potential ist zumeist experimentell nicht zugänglich. Wird allerdings der äußere Teil der Wolke, z. B. durch Bewegung des Partikels, abgeschert, so wird das „ζ-Potential" erkennbar, und das Partikel erscheint elektrisch geladen. Das ζ-Potential bezeichnet dabei das Potential an der Scherebene (auch „Helmholtz-Ebene" genannt) der angelagerten Ionenwolke. In Abb. 2.6a ist die Ladungsschichtung schematisch dargestellt. Ein externes elektrisches Feld führt in diesem Moment zu einer Beschleunigung des Partikels entlang der Feldlinien, ausgelöst durch die effektive Oberflächenladung. Dieser Effekt ist als Elektrophorese bekannt.

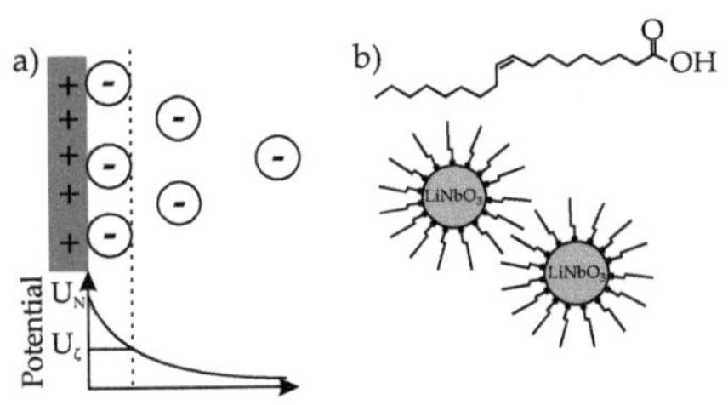

Abbildung 2.6: *a) Schematische Darstellung der angelagerten Ionenwolke bei ionischer Stabilisierung. Die Helmholtz-Ebene ist gestrichelt gekennzeichnet. Im Potentialverlauf sind das Nernst- und das ζ-Potental markiert. b) Strukturformel der Ölsäure und schematische Darstellung der sterischen Stabilisierung.*

Der „isoelektrische Punkt" bezeichnet den pH-Wert einer wässrigen Lösung, bei dem das ζ-Potential verschwindet und die Partikel maximal agglomerieren. Für die verwendeten Partikel wurde dies ungefähr bei pH 2 gefunden, während von Villegas et al. der isoelektrische Punkt zwischen pH 2 und pH 3 nachgewiesen wurde [56]. Sie berichten außerdem ein $\approx$ 30 mV Sättigungs-ζ-Potential. Das bedeutet, dass alle Kristalle Ladung mit dem gleichen Vorzeichen aufweisen und sich elektrostatisch abstoßen, sobald eine wässrige Suspension der Nanokristalle verwendet wird, deren Azidität unter pH 2 oder über pH 3 liegt. Diese Suspensionen sind durch diese sogenannte „ionische Stabilisierung" besonders homogen und weisen besonders gut vereinzelte Nanokristalle auf. Leider bedeutet eine wäßrige Lösung, dass die ionische Leitfähigkeit der Lösung hoch ist und durch Autoprotolyse Ionen nachproduziert werden, selbst wenn man sie über angelegte elektrische Felder ständig entfernt. Diese Leitfähigkeit, zusammen mit der hohen Permittivität des Wassers, führt dazu, dass ein angelegtes externes elektrisches Feld sehr stark unterdrückt wird. Und selbst wenn ausreichende Felder an den suspendierten Kristallen erreicht werden, so würden sie durch das ζ-Potential sofort elektrophoretisch abtransportiert werden.

Eine ionische Stabilisierung ist also sehr effektiv, aber absolut ungeeignet, wenn die Orientierung der Kristalle durch elektrische Felder manipuliert werden soll. Als Alternative verbleibt dann nur noch, ein möglichst unpolares Lösungsmittel zu verwenden und die Kristalle darin sterisch zu stabilisieren. Sterische Stabilisierung nutzt die unterschiedlichen Polaritäten der beteiligten Substanzen aus bzw. überbrückt diese [57]. Die bekannteste sterische oberflächenaktive Substanz ist wohl Seife, mit ihrer Fähigkeit, das unpolare Fett im polaren Wasser zu dispergieren.

Und sehr ähnlich verläuft auch die Stabilisierung der Nanokristalle. Als Lösungsmittel wurde Heptan (99%, Fisher) verwendet, als oberflächenaktive Substanz wurde Ölsäure (90%, Aldrich) gewählt. Die elektrische Leitfähigkeit der Ölsäure beträgt bei Raumtemperatur $\sigma^{(\text{öl})} = 10^{-8}(\Omega\text{cm})^{-1}$, was mit Hilfe eines Impedanzspektrometers bestimmt wurde. Die hydrophile Carboxy-Gruppe bindet sich an die Nanokristalle und die hydrophobe Kohlenwasserstoffkette ermöglicht die Suspendierung im Heptan. Wenn sich zwei Nanokristalle annähern, so verhindert die angelagerte Ölsäureschicht eine endgültige Berührung.

Suspension-Erzeugung und Probenbenennung

Die Herstellung der Referenz-Heptan-Suspension erfolgt ebenfalls mit Hilfe der Planeten-Kugelmühle und einer Y:ZrO_2-Mahlgarnitur. Zunächst werden die Nanokristalle vollständig mit Ölsäure benetzt. Dazu kommen typischerweise 100 mg $LiNbO_3$ und 500 ml Ölsäure in den Mahlbecher mit 40 g Y:ZrO_2-Mahlkugeln mit 0,4 mm Durchmesser. Die Benetzung findet bei 450 Umdrehungen pro Minute (UpM) für 10 min statt. Danach wird typischerweise 5 ml Heptan dazugegeben und die Suspension bei 650 UpM für etwa 1 h prozessiert. Dieser Schritt dient hauptsächlich zur Vereinzelung der Ölsäure/Nanokristall-Tröpfchen. Anschließend wird durch weiteres Zugeben von Heptan (typischerweise 80 ml) und 30 min bei 550 UpM die Suspension verdünnt und homogenisiert. Nach einer abschließenden Filterung mit einem hydrophoben Teflon-Filter (PTFE) der Porengröße 100 nm erhält man eine klare Suspension. Die Filterung dient primär dem Abtrennen verbleibender großer und gesinterter Agglomerate, die die Mahlung nicht aufbrechen konnte, aber auch zur Entfernung möglichen Abriebs.

Die experimentell relevanten Proben werden aus der Referenz-Heptan-Suspension durch weitere Verdünnung mit Heptan hergestellt. Nach der Herstellung ist die Suspension in der Regel mehrere Tage stabil, wobei die Dauer der Stabilität stark vom Volumenanteil der enthaltenden Nanopartikel abhängt. Suspensionen mit einem hohen Partikel-Volumenanteil weisen eine deutlich kürzere Haltbarkeit auf, als solche mit einem niedrigen Volumenanteil. Die sterische Stabilisierung verliert ihre Effizienz, je höher der Volumenanteil der Partikel in der Suspension ist. Hier muss ein Kompromiss zwischen hoher Partikelkonzentration und Stabilität über die Messzeit hinweg getroffen werden. Einmal ausgefallene Partikel lassen sich durch eine Behandlung im Ultraschall-Bad redispergieren, doch nach einigen Stunden bildet sich erneut ein Bodensatz ausgefallener Partikel. Nach einigen Wochen waren selbst redispergierte Suspensionen opak, und ihre Stabilität beschränkte sich auf wenige Minuten.

Die Bestimmung des Partikelvolumenanteils der stabilen Suspensionen erfolgt gravimetrisch, d. h. über relative Gewichtsbestimmung. Dafür bestimmt man zunächst das Gewicht einer gewissen Menge einer hergestellten Suspension. Dann wird das Heptan verdampft (Siedepunkt: 98 °C) und das verbleibende Gemisch aus Partikeln und Ölsäure erneut gewogen. Als letzter Schritt wird die Ölsäure verdampft (Siedepunkt: 360 °C) und das Gewicht der Partikel bestimmt. Auf diese Weise erhält man die Gewichte der Einzelbestandteile und kann dann mit Hilfe der bekannten Dichten ihre Volumenanteile in der Suspension berechnen. Es zeigt sich, dass die Dispergierung stabil ist, wenn die Volumenkonzentration kleiner als 3×10^{-4} ist. Tabelle 2.4 führt die erzeugten Proben mit ihren Bezeichnungen und ihren Volumenkonzentrationen auf.

Suspension	Volumen-Konzentration
V1	$4{,}1 \times 10^{-5}$
V2	$2{,}0 \times 10^{-5}$
V3	$1{,}6 \times 10^{-5}$
V4	$1{,}2 \times 10^{-5}$
VP	$1{,}5 \times 10^{-4}$

Tabelle 2.4: *Gravimetrisch bestimmte Nanokristall-Volumenkonzentrationen der Suspensionen und ihre Bezeichnungen.*

Die Größenverteilung der Partikel wurde mit Hilfe eines dynamischen Laserstreulichtspektrometers LB-550 von Retsch in der Suspension gemessen. Diese Messmethode bestimmt den hydrodynamischen Radius der Inklusionen. Das bedeutet, dass hier die Gesamtgröße des Tröpfchens, bestehend aus Kristall und seinem Ölsäuremantel, zusammen angegeben wird. Abbildung 2.7 zeigt die Größenverteilung der Inklusionen. Sie folgt einer logarithmischen Normal-Verteilung mit einem mittleren Radius von typischerweise 40 bis 50 nm.

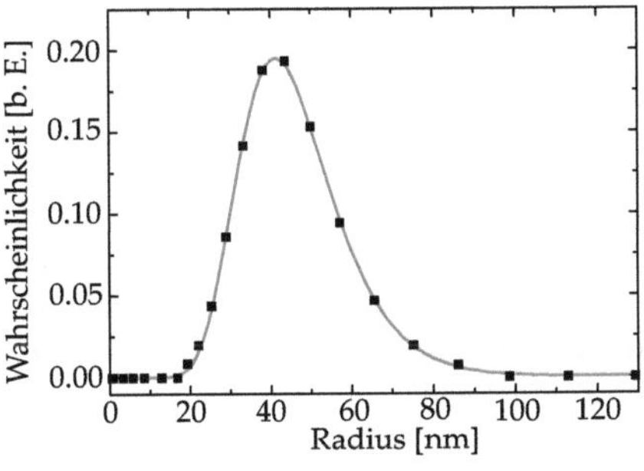

Abbildung 2.7: *Partikelgrößenverteilung, gemessen mit dynamischer Lichtstreuung in schwarz; in grau Anpassung einer lognormalen-Verteilung an die Messdaten. Die Klassen-Größe ist messbedingt logarithmisch, d. h. die Klassen-Abstände sind nur in logarithmischer Auftragung äquidistant; die Häufigkeit der größeren Inklusionen wird überschätzt.*

2.3 Kristall-Charakterisierung durch Elektronenmikroskopie

2.3.1 Experimentelle Methoden

Da die Kristalle einen Durchmesser von weniger als 50 nm besitzen, erweist sich Transmissionselektronenmikroskopie (TEM) als einziges bildgebendes Verfahren, um die Nanokristalle mit einer ausreichenden Auflösung abzubilden. Insbesondere, da die Morphologie der Einzelkristalle untersucht werden soll. Zusätzlich ergibt sich bei elektronenmikroskopischen Untersuchungen die Möglichkeit, die Materialzusammensetzung der Proben mit Hilfe der energiedispersiven Röntgenspektroskopie (EDX) zu bestimmen. Die TE-mikroskopischen Untersuchungen fanden alle mit technischer und fachlicher Unterstützung der Gruppe für anorganische Materialforschung von Herrn Prof. W. Mader an dem Bonner Institut für anorganische Chemie in Zusammenarbeit mit Herrn W. Assenmacher statt.

Hellfeld-TE-Mikroskopie und EDX-Spektroskopie wurde an einem Philips CM30T durchgeführt. Hochauflösende TE-Mikroskopie (HRTEM) wurde dagegen an einem Philips CM300UT FEG ausgeführt. Alle Proben wurden dazu auf einen gelochten Kohlenstofffilm aufgebracht, der gestützt wurde von einem aufgeklebten Kupfergitter. Die Aufbringung fand durch Auftropfen einer Dispersion der Pulverproben, in Ethanol oder Aceton, statt. Nach Verdampfen des Lösungsmittels verblieben die Nanokristalle auf dem Kohlenstofffilm. Die Untersuchung der Morphologie der Nanokristalle wurde so durchgeführt, dass mehrere Übersichts- und Detailaufnahmen der jeweiligen Proben gemacht wurden. Anschließend wurden die Konturen der einzelnen, sichtbaren, Kristalle auf den Aufnahmen durch Ellipsen angenähert und ihre Halbachsen ausgelesen. Es wurden zwischen 300 und 700 Einzelkristalle jeder Charge auf diese Weise ausgewertet, um sowohl die kurzen und langen Halbachsen, als auch den Mittelwert der Halbachsen statistisch auswerten zu können.

Zusätzlich wurde mit Hilfe der TE-Mikroskope flächenselektive Elektronenbeugung („selective area electron diffraction", SAED) an den Proben durchgeführt. Diese ist funktional gleich zur Röntgenbeugung und nutzt die kurze de-Broglie-Wellenlänge der beschleunigten Elektronen aus. Sind viele Kristalle im untersuchten Bereich, entstehen Debye-Scherrer-Beugungsringe. Diese Beugungsmuster geben Informationen über die Kristallstruktur und -qualität der Proben. Die Untersuchungen wurden an verschiedenen wie-gewachsenen („as-grown", AG) Chargen, geätzten Chargen (alle Chargen aus Tab. 2.3) und der Heptan-dispergierten Probe V1 (siehe Tab. 2.4) durchgeführt. Eine Strukturanalyse der wie-gewachsenen Lithiumniobat-Nanokristalle mit Hilfe einer Röntgendiffraktions-Messung findet sich in [45].

2.3.2 Experimentelle Ergebnisse

Zunächst ist die Kristallisation der wie-gewachsenen Nanokristalle von Interesse, und welche Entwicklung sie bei den einzelnen Temperschritten durchmachen. Abbildung 2.8a zeigt eine Probe nach der Oxidation bei 200 °C. Das amorphe $LiNbO_3$ bildet Mikrometer-große Körner ohne innere Struktur und wenig Zusammenhalt, hier erkennbar an dem durch einen Pfeil markierten Riss, der durch das Korn geht. Die Elektronenbeugung zeigt nur das diffuse Beugungsmuster eines amorphen Stoffs. Nach der Ankristallisation, dargestellt in Abb. 2.8b, hat sich die Morphologie der Körner nicht wesentlich geändert. In der Elektronenbeugung erkennt man jedoch erste klar definierte Beugungsmaxima, die durch die Beugung an den {012}-Ebenen des $LiNbO_3$ entstehen. Diese Beugung ist in $LiNbO_3$ die mit der höchsten Beugungseffizienz und dem größten Gitterabstand. Tatsächlich zeigen hochauflösende Aufnahmen an diesem Punkt leichte Dichtefluktuationen, die auf lokale Kristallkeime zurückzuführen sind. Abbildung 2.8c zeigt eine Probe nach dem letzten Kristallisationsschritt. Es existieren keine amorphen Körner mehr. Das Material ist vollständig in Kristalle umgewandelt worden, die einen Durchmesser von etwa 40 nm und eine nahezu sphärische Morphologie aufweisen.

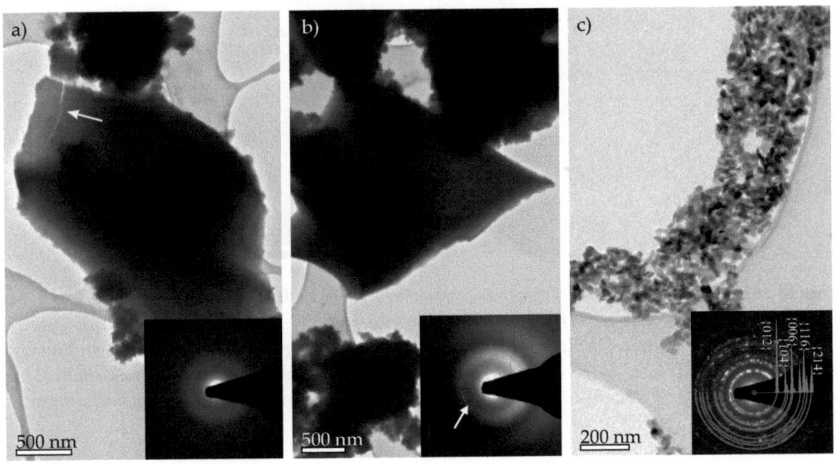

Abbildung 2.8: *Transmissionselektronenmikroskopische Untersuchungen zur Kristallisation: a) Hellfeld-Bild und Elektronenbeugung nach der Oxidation. Der Pfeil markiert einen Riss durch das amorphe Korn. b) Das gleiche nach der Ankristallisation. Der Pfeil markiert den Beugungsring, den die {012}-Ebenen erzeugen. c) Das gleiche nach der Durchkristallisation. Die Referenzbeugungsringe in dem eingefügten Bild entsprechen dem Eintrag für $LiNbO_3$ Nr. 28294 der ICDS-Datenbank.*

Die in Abb. 2.8c dargestellten Kristalle bilden das Ausgangsmaterial für alle weiteren Nachprozessierungen. Daher werden diese genauer untersucht. Insbesondere ist von Interesse, ob die Kristalle während der Vereinzelung durch die Kugelmühlen-

Dispergierung beschädigt werden. Abbildung 2.9 zeigt ausgewählte Hellfeld-TE-Mikrographen der AG-Chargen. Die Proben ohne jegliche Nachprozessierung, gezeigt in Abb. 2.9a, weisen Aufhäufungen der $LiNbO_3$-Nanokristalle auf. Abbildung 2.9b zeigt die gleichen Kristalle nach der Kugelmühlen-Dispergierung. Es sind nur wenige Kristallteilstücke zu finden, die aus einem mechanischen Zerbrechen der Originalkristalle stammen, die Kristalle werden also nicht zerstört. Die länger gemahlene V1-Probe (siehe Kap. 2.2.4) wurde ebenfalls untersucht, sie zeigte die gleiche Kristallmorphologie. Die flächenselektive Elektronenbeugung der dispergierten Chargen (siehe eingefügtes Bild in Abb. 2.9b) zeigt weiterhin die von $LiNbO_3$ erwarteten Debye-Scherrer-Ringe. Eine genauere Untersuchung zeigt hier, dass die Kristalle der Lauegruppe $\bar{3}m$ angehören müssen; die Punktgruppen 32, $3m$ und $\bar{3}m$ sind deren Elemente (siehe hierzu Abb. 2.1). Hieraus ist keine Schlussfolgerung auf die optische-Nichtlinearität der Kristalle möglich, da $\bar{3}m$ zentrosymmetrisch ist, während 32 und $3m$ nicht-zentrosymmetrisch sind und jeweils mindestens eine polare Achse haben.

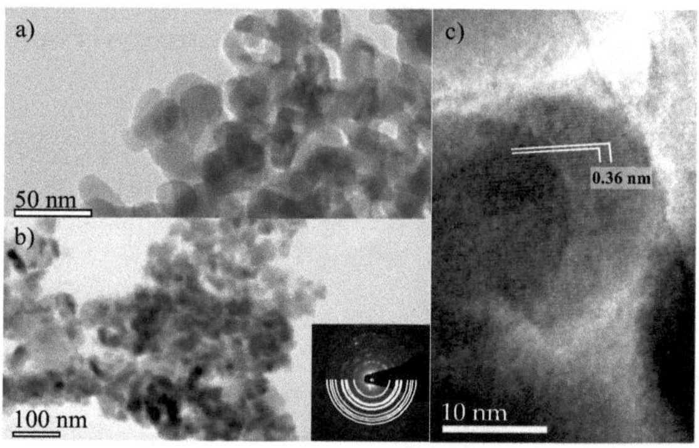

Abbildung 2.9: *Transmissionselektronenmikroskopische Untersuchung der Referenzprobe AG durch Hellfeldaufnahmen. a) Wie-gewachsen, ohne Nachprozessierung. b) Nachprozessierung durch Dispergierung in der Kugelmühle. Die Referenzbeugungen in dem eingefügten Bild entsprechen dem Eintrag für $LiNbO_3$ Nr. 28294 der ICDS-Datenbank. c) Hochauflösende Aufnahme eines Einzelkristalls. Ein Kristallgittermuster ist erkennbar. Der Linienabstand ist 0,36 nm, dies entspricht dem Gitterabstand der {012}-Ebenen.*

Eine Auswertung von 740 Einzelkristallen der AG-Charge ergibt eine Länge der mittleren kurzen Achse der Kristalle von $(28 \pm 0{,}5)$ nm. Die Standardabweichung der kurzen Achse ist $\sigma_{\text{ka}} = 15$ nm. Für die Länge der mittleren lange Achse der Kristalle ergibt sich $(35 \pm 0{,}7)$ nm mit einer Standardabweichung von $\sigma_{\text{la}} = 19$ nm. Die Standardabweichungen sind hier ein Maß für die Streuung der Kristallgrößen, also der Breite der Größenverteilung. Je niedriger die Standardabweichung ist, desto monodisperser ist das Nanopulver.

Definiert man nun noch das Achsverhältnis β_{A} der Kristalle als einheitenlose Größe durch die Division der Länge der kurzen Achse durch die Länge der langen

Achse, so ergibt sich ein mittleres Achsverhältnis der wie-gewachsenen Kristalle $\beta_A = 0{,}81 \pm 0{,}005$ mit $\sigma_\beta = 0{,}13$ als Standardabweichung. Damit sind die Kristalle nahezu sphärisch, da $\beta_A = 1$ einer kreisförmigen Kontur und $\beta_A = 0$ einer stabförmigen Kontur entspricht. Ob die Kristalle im Mittel prolat oder oblat sind, konnte nicht bestimmt werden. Genauso wenig konnte ermittelt werden, ob eine Korrelation zwischen den Kristallabmessungen und den Kristallachsen existiert, da sich die Ermittelung der Orientierung der Einzelkristalle mit Hilfe der Elektronenbeugung als schwierig erwies.

Abbildung 2.9c zeigt eine hochauflösende TE-Aufnahme eines relativ sphärischen Einzelkristalls. Es sind regelmäßige Kristallgittermuster innerhalb des Kristalls erkennbar, die einen 0,36-nm-Abstand aufweisen. Dies entspricht dem Gitterabstand der {012}-Ebenen. Exemplarische Hellfeld-TE-Mikrographen der geätzten M-Chargen sind in Abb. 2.10 dargestellt. Die Ätzzeit nimmt von links nach rechts zu, von 5 min bis hin zu 30 min. Die Ätzentwicklung wird nur am Beispiel der M-Chargen durchgesprochen, da die Aufnahmen der H- und L-Chargen sich qualitativ nicht unterscheiden.

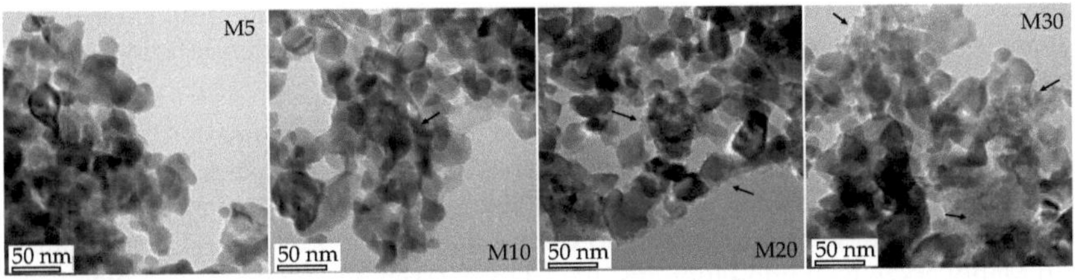

Abbildung 2.10: *Die Ätzentwicklung der M-Charge, untersucht durch Hellfeld-TEM. Von links nach rechts nimmt die Ätzzeit zu. An den größeren Kristallen ist auf den ersten Blick wenig Änderung zu erkennen. Nach 10 min Ätzzeit kommen extrem feinstrukturierte Bereiche hinzu (markiert durch Pfeile). Diese enthalten die kleinsten Kristalle, die stark agglomerieren.*

Auf den ersten Blick ist nur wenig Veränderung an den größeren Kristallen erkennbar. Hier hilft eine genauere Untersuchung der Aufnahmen. Es zeigt sich, dass ab 10 min Ätzzeit in den M-Chargen extrem feinstrukturierte Bereiche in den lockeren Agglomeraten auftreten, die teilweise kristalline Kontraste zeigen. Diese werden dominierender, je länger geätzt wird. Gut erkennbare sind in Abb. 2.10 mit Pfeilen markiert. Sie bestehen zum Großteil aus sehr kleinen Kristallen; Abbildung 2.11 zeigt hochaufgelöste Aufnahmen solcher Bereiche der starkgeätzten Chargen M30 und H20.

Eine gewisse Herausforderung tritt bei der Auswertung dieser stark geätzten Proben auf: Eine Verunreinigung, die in einzelnen Bereichen der Proben auftritt, ist ein dünner amorpher, organischer Film, in dem die Kristalle eingebettet sind. Dieser Film senkt den elektronenmikroskopischen Kontrast der Kristalle gegenüber dem Hintergrund. Die Verunreinigung ist vermutlich auf langkettige organische Verbindungen in dem Ethanol zurückzuführen. Durch das Ätzen wird der Volumenanteil

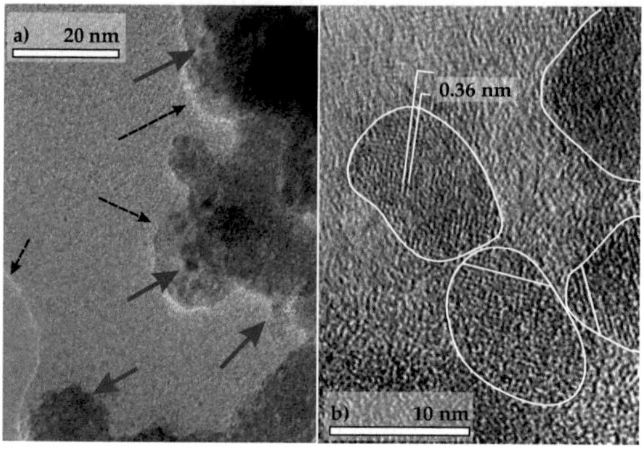

Abbildung 2.11: *Hochaufgelöste TEM-Aufnahmen stark geätzter Proben. a) Charge M30: Die durchgezogenen Pfeile kennzeichnen kleine Kristallite. Die gestrichelten Pfeile markieren im direkten Vergleich die Ränder organischer, amorpher Verunreinigungen. b) Charge H20: Die Konturen der Kristalle sind weiß markiert. Es sind Kristallgittermuster der {012}-Ebenen erkennbar.*

des $LiNbO_3$ in der Dispersion immer geringer, so dass die Verdampfungsreste des Ethanols einen größeren relativen Feststoffanteil auf dem Kohlenstofffilm einnehmen.

Die EDX-Elementanalyse zeigt, dass keine signifikante Kontamination, außer dem organisch gebundenen Kohlenstoff, zu finden ist. Hierbei wird insbesondere auf systematische Kontaminationen aus den verschiedenen Herstellungsschritten geachtet: Silizium von dem Reaktionsgefäß und dem Achatmörser, Zirkon und Yttrium aus den Mahlwerkzeugen und Fluor aus den Ätzprozessen. Dies gilt für alle untersuchten Proben. Das Nb:O-Verhältnis beträgt stets $\approx 1:3$. Der Lithiumanteil der Kristalle ist durch EDX nicht nachzuweisen. Des weiteren ist das Niob immer räumlich korreliert zu den Sauerstoffatomen. Eine Bildung einer anderen Material-Phase oder eine Entmischung können also ausgeschlossen werden. Für eine detailliertere Betrachtung siehe [45].

Die statistische Auswertung der Kristallgrößen aller Chargen führt zu den in Tab. 2.3.2 aufgeführten Ergebnissen. Die mittleren Kristallachslängen werden generell kürzer, je stärker geätzt wird. Auffallend ist, dass nach dem allerersten Ätzen keine weitere Änderung der Kristallmorphologie-Parameter eintritt: σ_{ka} und σ_{la} sinken im Vergleich zur AG-Charge, aber bleiben nahezu konstant über die verschiedenen geätzten Chargen. Das Achsverhältnis β_A bleibt sogar über alle Chargen konstant. Eine graphische Darstellung der Achsverhältnisse β_A und deren Standardabweichung findet sich in Abb. 2.13b.

Da sich die Achsverhältnisse der Kristalle durch das Ätzen nicht ändern, kann man die mittlere Kristallgröße als den Mittelwert der Länge der langen und kurzen Achsen eines Kristalls definieren und so die Größenverteilung der Kristalle als Histogramm darstellen. Dies ist für die Chargen AG und M30 exemplarisch in Abb. 2.12a durchgeführt. Es zeigt sich, dass die Größenverteilung durch eine unimodale lognormale Kurve angenähert werden kann. Empirisch ist diese Beschreibung für viele Pul-

Charge	mittlere kurze Achslänge [nm]	σ_{ka} [nm]	mittlere lange Achslänge [nm]	σ_{la} [nm]	Achsverhältnis β_A	σ_β
AG	$28,0 \pm 0,5$	15,0	$35,0 \pm 0,7$	19,0	$0,81 \pm 0,005$	0,13
M5	$23,0 \pm 0,4$	7,5	$30,0 \pm 0,5$	9,7	$0,79 \pm 0,008$	0,14
M10	$19,4 \pm 0,4$	7,4	$25,0 \pm 0,5$	8,7	$0,79 \pm 0,008$	0,16
M20	$15,4 \pm 0,3$	7,6	$19,7 \pm 0,4$	9,7	$0,80 \pm 0,006$	0,14
M30	$12,7 \pm 0,4$	7,2	$16,2 \pm 0,6$	9,3	$0,81 \pm 0,008$	0,14
L15	$21,9 \pm 0,5$	7,3	$27,8 \pm 0,6$	9,2	$0,80 \pm 0,008$	0,13
L30	$18,7 \pm 0,4$	8,5	$23,7 \pm 0,6$	11,5	$0,81 \pm 0,007$	0,14
H10	$19,1 \pm 0,3$	6,1	$23,0 \pm 0,4$	7,8	$0,84 \pm 0,005$	0,12
H20	$13,1 \pm 0,4$	7,1	$16,1 \pm 0,5$	9,0	$0,83 \pm 0,007$	0,12

Tabelle 2.5: *Quantitative Auswertung der geätzten Chargen.*

verproben anwendbar, die durch einen stetigen Wachstumsprozess entstehen [58]. Aufgrund der Asymmetrie der Verteilung ist der Kristallgrößen-Mittelwert jeder Charge etwas größer als die wahrscheinlichste Kristallgröße. Da die Übereinstimmung der Daten mit den lognormalen Annäherungen so gut ist, werden im Weiteren nur diese zur Angabe der Kristallgrößenverteilung genutzt. Insbesondere da Einzelkristallite mit einem Durchmesser kleiner als 5 nm selbst durch TE-Mikroskopie in Agglomeraten nicht zuverlässig identifizierbar sind. Daher dient die lognormale Funktion jeder Charge zur Extrapolation der Größenverteilung in diesen Größenbereich hinein. Abbildung 2.12b zeigt die Verteilungen der M-Chargen. Zur besseren Vergleichbarkeit sind hier die Maxima auf 1 normiert. Die Reaktion der gesamten Größenverteilung auf das Ätzen ist gut erkennbar.

Abbildung 2.13a zeigt die mittlere Kristallgröße der verschiedenen Chargen in ihrer zeitabhängigen Entwicklung. Es scheint jeweils für jede Säurekonzentration einen linearen Zusammenhang zwischen Ätzzeit und mittlere Kristallgröße zu geben. Klar erkennbar ist, dass die Kristalle bei höheren Säurekonzentrationen, wie erwartet, schneller ätzen. In Tab. 2.6 sind die Ätzraten angegeben, die sich aus den linearen Anpassungen ergeben. Extrapoliert man diese drei Ätzraten, so zeigte sich eine säurekonzentrationsabhängige Ätzrate von $(2{,}9 \pm 0{,}7)$ pm min^{-1} mM^{-1}.

HF Konzentration [mM]	Ätzrate [nm min^{-1}]
95	$0,36 \pm 0,2$
180	$0,65 \pm 0,2$
335	$0,90 \pm 0,2$

Tabelle 2.6: *Bestimmte Ätzraten bei verschiedenen Flusssäurekonzentrationen.*

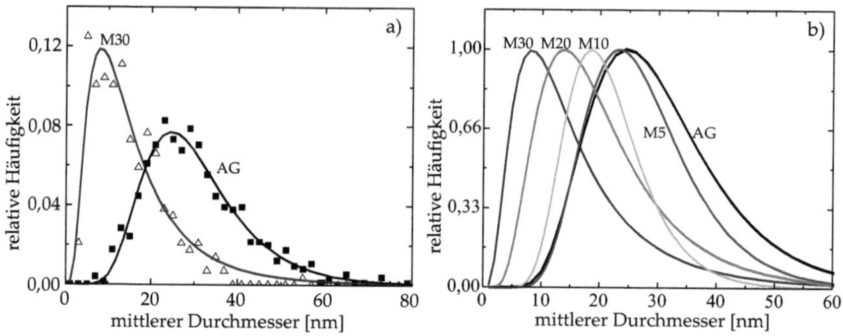

Abbildung 2.12: *Kristallgrößenverteilungen verschiedener Chargen, bestimmt durch die Auswertung verschiedener TEM-Aufnahmen. Durch das Ätzen werden die Kristalle kleiner; die Verteilungen verschieben sich hin zu kleineren Kristallgrößen und werden schmaler. a) Relative Häufigkeit der Kristalldurchmesser der Chargen AG und M30. Die Gesamtwahrscheinlichkeit ist auf 1 normiert. Die Klassen-Größe beträgt 2 nm. b) Relative Häufigkeit der Kristalldurchmesser aller M-Chargen. Zur besseren Vergleichbarkeit sind hier die Maxima auf 1 normiert und die angepassten lognormalen Kurven dargestellt.*

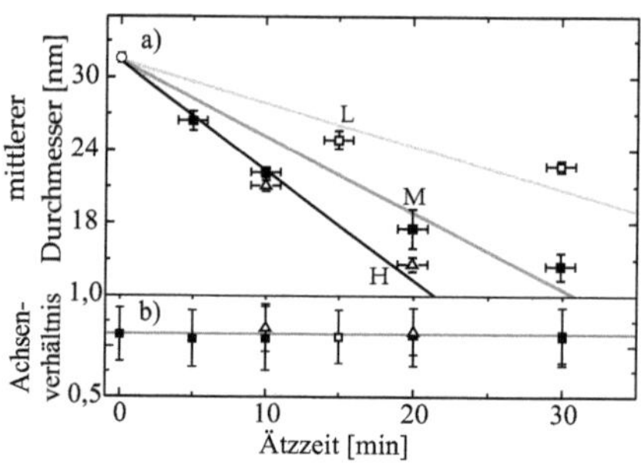

Abbildung 2.13: *a) Zeitliche Entwicklung des mittleren Kristalldurchmessers bei den L-Chargen (offene Quadrate, entspricht* 95 *mM HF), den M-Chargen (gefüllte Quadrate, entspricht* 180 *mM HF) und den H-Chargen (offene Dreiecke, entspricht* 335 *mM HF). Die Linien ergeben sich durch lineare Anpassung. b) Mittlere Kristallachsverhältnisse aller Chargen. Die Markierungen sind die gleichen wie in a). Die Balken zeigen die Standardabweichung der Achsverhältnisse und die orange Linie markiert ein* 0,8*-Achsverhältnis.*

2.4 Diskussion der Kristallgrößenreduktion

Die beobachtete Verringerung der mittleren Kristallgröße ist für die drei genutzten Säurekonzentrationen linear. Sowohl die Achsenverhältnisse bleiben konstant, als auch die Standardabweichung der Achsverhältnisse. Dieses Verhalten ist an sich ungewöhnlich, da das Auflösen kleiner Partikel üblicherweise durch Ostwald-Auflösung, also umgekehrte Ostwald-Reifung für Materialdiffusions-getriebene Systeme, beschreibbar ist [59, 60]. Ostwald-Auflösung bedeutet dabei, dass sich das Ätzen und damit der Abtrag der Partikel beschleunigt, wenn die Partikel kleiner werden. Diese Beschleunigung ist darauf zurückzuführen, dass die mittlere Oberflächenenergie, bzw. ihre totale Gibbs' Energie, größer wird, je kleiner die Partikel werden. Das bedeutet aber auch, dass, wenn man eine Partikelgrößenverteilung hat, die eine endliche Breite aufweist, diese durch die Auflösung verbreitert wird: Die Partikel, die kleiner als der Durchschnitt sind, weisen schon zu Beginn eine höhere Ätzrate auf, als die größeren Partikel. Dieser Unterschied der Ätzraten verstärkt sich noch durch eine weitere Auflösung.

Die hier vorgestellten Daten zeigen aber eine andere Entwicklung: Die Größenentwicklung während des Ätzens, als auch die Ätzraten sind linear. Man könnte argumentieren, dass diese Linearität nur durch den geringen untersuchten Parameterbereich einer nichtlinearen Abhängigkeit zustande kommt, doch scheint das unwahrscheinlich: Die Größenverteilungen behalten eine konstante Breite, obwohl man die mittleren Partikelgrößen von etwa 30 nm auf etwa 10 nm reduziert. Das bedeutet, die Größenreduktion der $LiNbO_3$-Nanokristalle ist keine einfache Ostwald-Auflösung.

Ein weiterer Ansatz, diese lineare Größenreduktion zu erklären, wäre, eine isotrope Ätzung der Kristalle anzunehmen. Das würde bedeuten, die Kristalle ätzen von allen Seiten gleich, mit einer konstanten Rate. Dieser Annahme widerspricht jedoch sowohl das konstante Achsverhältnis der Kristalle, als auch die konstante Standardabweichung der Achsverhältnisse. Denn startet man bei einem isotropen Ätzverhalten nicht mit Kugeln, sondern mit wie auch immer gearteten Ellipsoiden, so entfernt sich die Form der Kristalle immer mehr von der Kugelgestalt, je mehr geätzt wird. Das Achsverhältnis entfernt sich von 1. Für eine anschauliche Erläuterung siehe hierzu Abb. 2.14a.

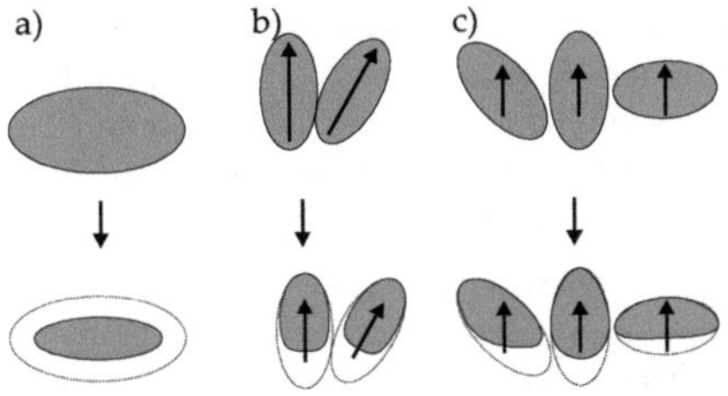

Abbildung 2.14: *Schematische Darstellung unterschiedlicher möglicher Ätzverhalten: a) Vollständig isotropes Ätzverhalten. b) Anisotropes Ätzverhalten an Spheroiden. Die c-Achse der Kristalle und damit Hauptätzrichtung ist durch Pfeile gekennzeichnet. c) Wie b), nur hier existiert keine Korrelation zwischen Startform und Kristallachsen.*

Eine andere grundlegende Möglichkeit wäre anisotropes, achsabhängiges Ätzverhalten der Nanokristalle, da bei $LiNbO_3$-Volumenkristallen eine sehr starke Achsabhängigkeit der Ätzraten bekannt ist [51, 52]. Dieses differentielle Ätzen ist in den Volumenkristallen so stark ausgeprägt, dass es dazu genutzt wird, freistehende Mikrostrukturen und nanostrukturierte Volumenkristalle zu erzeugen [53, 61]. Diese Arbeiten zeigen, insbesondere [53], dass wenn mit einer $LiNbO_3$-Kugel im Mikrometer-Bereich gestartet wird, das differentielle Ätzen die Kugeln dort facettiert, wo die Kristallachsen die Kugeloberfläche durchstoßen. Da eine Korrelation zwischen den langen und kurzen Achsen der Kristall-Ellipsoiden und den intrinsischen Kristallachsen nicht untersucht werden konnte, muss man hier beide möglichen Fälle betrachten.

Wenn eine Korrelation zwischen der Ellipsoidachsen und den Kristallachsen bestünde, würde das rein differentielle Ätzen durch eine Änderung des mittleren Kristallachsverhältnisses erkennbar sein. Siehe hierzu Abb. 2.14b. Existiert keine solche

Achskorrelation, würde sich durch differentielles Ätzen hauptsächlich die Standardabweichung der Achsverhältnisse ändern, wie in Abb. 2.14c schematisch dargestellt ist. Weder das eine noch das andere Verhalten konnte von uns beobachtet werden. Das von uns bestimmte Verhalten der Kristallachsverhältnisse schließt ein rein differentielles Ätzverhalten aus. In unseren Experimenten ist eine lineare Größenreduktion erkennbar, die ungefähr isotropem Ätzverhalten entspricht. Aber der Wert der Kristallachsverhältnisse behält einen konstanten $0{,}8 \pm 0{,}1$-Wert bei. Dieser Wert gilt sowohl für die wie-gewachsenen Nanokristalle, als auch für die geätzten Kristalle. Anscheinend hat also das Auflösen der Kristalle in Flusssäure keinen Einfluss auf die Form der Kristalle.

Die Ätzraten sind für $LiNbO_3$-Volumenkristalle sehr genau und Säurekonzentrationsabhängig bekannt: Die $+c$-Kristallfläche weist so gut wie keine Reaktion auf die Flusssäure auf, die $-c$-Fläche ätzt mit einer Rate von $1{,}7$ nm/min bei 10% HF (365 mM). Die a-Flächen ätzen etwa um den Faktor 10 langsamer als die $-c$-Fläche [51]. Die b-Fläche ist äquivalent zu der a-Fläche in $LiNbO_3$, hat also die gleiche Ätzrate. Für Volumenkristalle wurde des Weiteren eine quadratische Säure-Konzentrationsabhängigkeit zwischen 10% (365 mM) und 48% HF (1750 mM) beobachtet [51]. Extrapoliert man diese Werte zu den von uns genutzten Säure-Konzentrationen, so erhält man eine Ätzrate von $(0{,}5 \pm 0{,}2)$ nm/min für die $-c$-Fläche bei 5% HF (185 mM). Bei dieser Konzentration wurde von uns experimentell, aus der Durchmesserreduktion, eine Ätzrate von $(0{,}65 \pm 0{,}2)$ nm/min bestimmt. Das bedeutet, dass die beobachtete Ätzrate des quasi-isotropen Ätzens der Nanokristalle konsistent mit der Ätzrate der $-c$-Fläche von Volumenkristallen ist. Am wahrscheinlichsten lässt sich daraus schließen, dass die Nanokristalle von der $-c$-Fläche her ätzen, bei den Nanokristallen aber eine ähnliche Ätzrate auf den a-Flächen vorliegt, die die nahezu sphärische Form der Kristalle erhält.

Eine mögliche Erklärung dieses Verhaltens, welches sich relativ stark von dem Ätzverhalten der Volumenkristalle unterscheidet, ist vermutlich in der Oberflächenenergie der Nanokristalle zu finden. Die Oberflächenenergie eines kleinen Kristalls lässt sich anschaulich machen, wenn man sich einen makroskopischen Kristall vorstellt, der gespalten wird. Die Stabilisierung der Kristallebenen nach der Spaltung erfordert Energie, die größer wird, je mehr gespalten wird und je größer die Kristalloberfläche pro Volumen wird [62]. Die Kugelform weist nun die geringste Oberfläche pro Volumen auf, weshalb das eine bevorzugte Form sein kann, obwohl die intrinsischen Kristallachsen einen anderen Habitus bevorzugen. Wie stark die Energie anwächst, die in den Nanokristalloberflächen steckt, lässt sich berechnen. Lithiumniobat-Nanokristalle mit einem 30-nm-Durchmesser weisen eine spezifische Oberfläche von etwa 40 m^2/g auf, Kristalle mit 5 nm Durchmesser eine spezifische Oberfläche von 250 m^2/g. Die Oberflächenenergie ionischer Kristalle, insbesondere oxidische, liegt im Bereich zwischen $0{,}1$ und 1 J/m^2 [62, 63]. Mit $0{,}5$ J/m^2 würde die spezifische Oberflächenenergie der Partikel von 20 J/g auf 125 J/g ansteigen.

Die unterschiedlichen Kristallflächen haben dabei unterschiedliche Oberflächenenergien. Eine Variation der Oberflächenenergie zweier Kristallflächen eines Kristalls um einen Faktor zwei ist bei Oxiden nicht ungewöhnlich [62]. Und dass diese unterschiedlichen Oberflächenenergien den Kristallhabitus modifizieren können, wurde schon Anfang des 20ten Jahrunderts durch Wulff beschrieben [64]. Die endgültige Form des Kristalls wird durch die Minimierung der Gesamtenergie bestimmt, zu welcher die Oberflächenenergien der einzelnen Kristallflächen beitragen. Unterschiedliche Oberflächenenergien würden bei den Nanokristallen damit die festen Werte der Kristallachsverhältnisse erklären und implizieren, dass die Ellipsiodachsen der Kristalle mit Kristallachsen korreliert wären. Aus dem festen Achsverhältnis wäre damit direkt abzulesen, dass die eine Kristallfläche 80% der Oberflächenenergie der dazu senkrechten Kristallfläche besitzen würde. Ein durchaus plausibles Ergebnis.

Zusammenfassend bedeutet dies, dass das chemische Ätzen nicht genug Energie liefern kann, um andere Morphologien zu erzeugen. Die −c-Flächen-Ätzrate bestimmt die gesamte Ätzrate, die Kristalle können aber nicht zu kleinen Scheiben ätzen.

3 Kapitel Nichtlineare Optik

Nach der Beschreibung der Methode, Lithiumniobat-Nanokristalle zuverlässig und mit variabler Kristallgröße herzustellen, kann man nun zu der zweiten Frage aus der Einleitung übergehen: Findet die nichtlineare Konversion an einzelnen Nanokristallen genauso statt, wie man sie von Volumenkristallen kennt?

Die Beantwortung dieser Frage bietet theoretische und auch experimentelle Herausforderungen. Zunächst muss geklärt werden, wie die nichtlineare Konversion sich bemerkbar machen sollte, wenn die Nanokristalle ungeänderte Materialparameter aufweisen. Dies sind primär theoretische Überlegungen. Die experimentelle Beantwortung der Frage stellt eine Herausforderung dar, da grobe Abschätzungen zeigen, dass das von einem einzelnen Nanokristall konvertierte Licht eine sehr geringe Leistung aufweisen wird. Hier wird es notwendig sein, die Empfindlichkeit des quantitativen Nachweises des konvertierten Lichts zu optimieren.

3.1 Grundlagen

Bei sehr hohen elektrischen Feldern, wie sie z. B. bei fokussiertem Laserlicht auftreten, kann die induzierte Polarisierung eines Materials nicht durch einen linearen Zusammenhang beschrieben werden. Es ist dann notwendig, die Polarisierung $\mathcal{P}$ in eine Taylorreihe der Form

$$\mathcal{P}_i = \epsilon_0 \chi_{ij}^{(1)} \mathcal{E}_j + \epsilon_0 \chi_{ijk}^{(2)} \mathcal{E}_j \mathcal{E}_k + \epsilon_0 \chi_{ijkl}^{(3)} \mathcal{E}_j \mathcal{E}_k \mathcal{E}_l + \mathcal{O}(\mathcal{E}^4), \tag{3.1}$$

zu entwickeln. Die Suszeptibilitäten $\chi^{(i)}$ werden durch ihre Reihenentwicklungsordnung benannt, also wird z. B. $\chi^{(2)}$ die Suszeptibilität zweiter Ordnung genannt. Es lässt sich zeigen, dass alle Materialien nichtverschwindende Einträge in den Suszeptibilitäten ungeradzahliger Ordnung, wie z. B. $\chi^{(3)}$, besitzen. Aber nur Materialien ohne Inversionssymmetrie weisen nichtverschwindende Einträge in den Suszeptibilitäten geradzahliger Ordnung auf, wie z. B. $\chi^{(2)}$ [65].

Lithiumniobat ist nicht-zentrosymmetrisch, so dass für diese Arbeit die Suszeptibilität zweiter Ordnung relevant ist. Wenn im weiteren Verlauf von nichtlinearer Polarisierung gesprochen wird, so ist sogar nur die nichtlineare Polarisierung zweiter Ordnung gemeint. Die Wirkung des $\chi^{(2)}$-Terms kann an dem Sonderfall der Frequenzverdopplung, oder „second harmonic generation" (SHG), anschaulich gemacht werden. Dazu wird eine ebene, monochromatische Welle, die durch das Medium progagiert, angenommen,

$$\mathcal{E}_{(n)} = \mathcal{E}_{(n)} \exp(ik_{(n)}z) \exp(-i\omega_{(n)}t), \tag{3.2}$$

mit dem Betrag des Wellenvektors $k_{(n)} = 2\pi/\lambda_{(n)}$, der Feldamplitude $\mathcal{E}_{(n)}$ und der Kreisfrequenz $\omega_{(n)}$. Einfaches Einsetzen in die nichtlineare Polarisierung zweiter Ordnung $\mathcal{P}_{(\mathrm{nl})}$ ergibt

$$\mathcal{P}_{(\mathrm{nl})} = \epsilon_0 \chi^{(2)}_{ijk} \left(\mathcal{E}_{(n)} \exp(ik_{(n)}z) \exp(-i\omega_{(n)}t)\right) \left(\mathcal{E}_{(n)} \exp(ik_{(n)}z) \exp(-i\omega_{(n)}t)\right). \tag{3.3}$$

Beschränkt man sich auf eine Polarisationsrichtung und verzichtet man auf die tensorielle Notation, so ergibt sich aus Gl. 3.3

$$\mathcal{P}_{(\mathrm{nl})} = \epsilon_0 \chi^{(2)} \mathcal{E}^2_{(n)} \exp(i2k_{(n)}z) \exp(-i2\omega_{(n)}t). \tag{3.4}$$

Das bedeutet, dass eine Polarisierungswelle im nichtlinearen Medium existiert, die mit der doppelten Frequenz der Grundwelle oszilliert und als Licht aus dem Medium austreten kann. Das Besondere bei dieser Frequenzverdopplung ist, dass sie kohärent stattfindet, d. h. es existiert eine feste Phasenbeziehung zwischen der Grundwelle und der frequenzverdoppelten Welle. Das so erzeugte Licht wird in Anlehnung an den englischen Fachbegriff „second harmonic wave" kurz „SH"-Licht genannt.

3.1.1 Nichtlineare Polarisierbarkeit in Nanokristallen

In dieser Arbeit sollen die nichtlinearen Koeffizienten der Nanokristalle bestimmt werden, die in unbekannter individueller Ausrichtung vorliegen, mit nur statistisch bekannten Durchmessern.

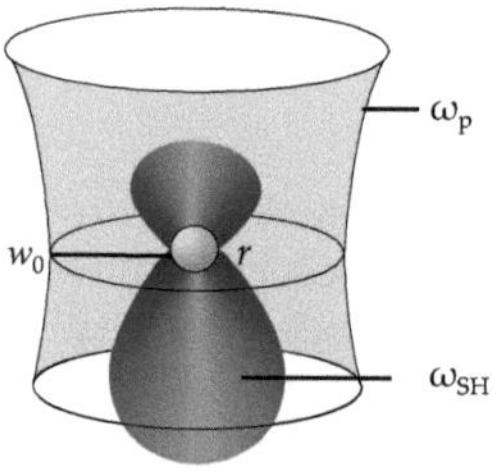

Abbildung 3.1: *Schematische Darstellung der Frequenzkonversion eines Nanokristalls mit dem Radius r im Pumplichtfokus. Das Pumplicht mit der Frequenz ω_p, hier grau dargestellt, erzeugt das frequenzverdoppelte Licht mit der doppelten Frequenz ω_SH, hier blau dargestellt. Der Pumplichtfokusradius w_0 ist beugungsbegrenzt und größer als die betrachteten Nanopartikel.*

Nanokristalle als nichtlineare Medien erfordern etwas andere theoretischen Überlegungen als Volumenkristalle. Betrachtet man die schematische Darstellung der experimentellen Umsetzung, dargestellt in Abb. 3.1, lassen sich die notwendigen Überlegungen in vier Bereiche einteilen:

- Pumpintensität im Nanokristall.

- Effektiv wirksame nichtlinear-optische Koeffizienten eines zufällig orientierten Nanokristalls.
- Gesamtleistung der frequenzverdoppelten Welle im Nanokristall.
- Abstrahl- und Detektionscharakteristik.

Um die Auswertung der späteren Messdaten zu ermöglichen, werden im Folgenden diese Punkte nacheinander betrachtet.

3.1.2 Pumpintensität im Nanokristall

Spitzenintensität im Fokus

Der genutzte Pumplaser emittiert 1 ns lange Lichtpulse mit 1064 nm Wellenlänge mit nahezu gaußförmigem Strahlprofil. Die Pumpwelle wird fokussiert, und der Kristall liegt im Fokus, wie in Abb. 3.1 dargestellt. Der Strahlradius w_0 ist jedoch wesentlich größer als der des Nanokristalls. Der Kristall wird genau in der Mitte des Fokus positioniert, daher entspricht die Pumpintensität außerhalb des Kristalls dem Maximum I_p der Intensitätsverteilung des Pumpstrahls. Bei einem Gauß-Strahlprofil errechnet sich diese aus der Gesamtleistung P_p gemäß

$$I_\mathrm{p} = \frac{2\,P_\mathrm{p}}{\pi\,w_0^2}. \tag{3.5}$$

Abbildung 3.2 veranschaulicht diese Berechnung. Anzumerken ist, dass die Berücksichtigung eines gaußförmigen Strahlprofils nur räumlich stattfindet. Das zeitliche Leistungsprofil des Lichtpulses ist für den verwendeten Laser nicht spezifiziert, wird daher als konstant über die Pulslänge angenommen.

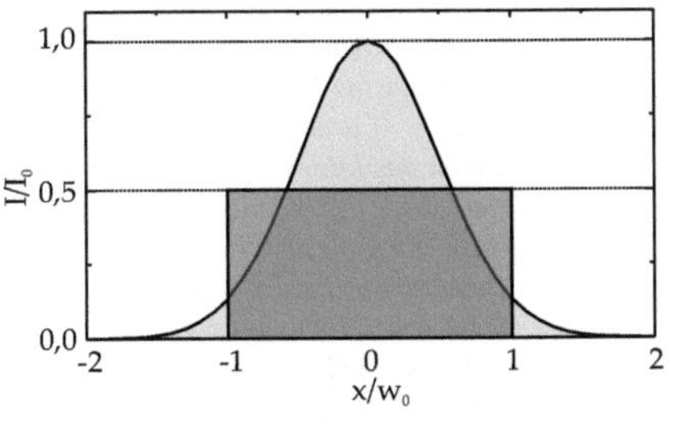

Abbildung 3.2: *Schematische Darstellung zur Ermittlung der Pumpintensität im Zentrum des Fokus. Die Berechnung der Intensität durch $P_\mathrm{p}/(\pi\,w_0^2)$ (in dunkelgrau dargestellt) unterschätzt die maximale Intensität eines gaußförmigen Strahlprofils (in hellgrau dargestellt) genau um den Faktor 2.*

Intensitätsreduktion durch Fresnel-Reflexion

Die Nanokristalle liegen dabei direkt auf der Oberfläche des Glas-Substrats, welches das lokale Pumpfeld beeinflusst. Fällt Licht auf eine solche dielektrische, makroskopische Oberfläche, so dringt ein Teil der Welle in das Dielektrikum ein, und ein Teil wird reflektiert. Das reflektierte Licht interferiert mit dem einlaufenden Licht und bildet eine stehende Welle. Diese Reflexion ist die so genannte „Fresnel-Reflexion". Bezeichnet $\mathcal{E}_0$ die Amplitude des Feldes der einlaufenden Lichtwelle, so beträgt die Amplitude des reflektierten Anteils $\mathfrak{r}\,\mathcal{E}_0$ und des transmittierten Anteils $\mathfrak{t}\,\mathcal{E}_0$. Die Koeffizenten $\mathfrak{r}$ und $\mathfrak{t}$ berechnen sich bei senkrechten Einfall gemäß [66]

$$\mathfrak{t} = \frac{2n_1}{n_1+n_2}, \quad \text{und} \tag{3.6}$$

$$\mathfrak{r} = \frac{n_1-n_2}{n_1+n_2}. \tag{3.7}$$

In diese Transmissions- und Reflexionskoeffizien der elektrischen Lichtfelder gehen die Brechungsindizes n_1 (außerhalb des Dielektrikums) und n_2 (innerhalb des Dielektrikums) ein.

Die stehende Welle ist auf der Eingangsseite nicht vollständig moduliert, wenn als Dielektrikum Glas angenommen wird, $\mathfrak{r}E_0 \ll E_0$. Abbildung 3.3 zeigt eine gesamte, resultierende Welle $\mathcal{E}(t, x)$ an der Oberfläche zu zwei verschiedenen Zeitpunkten. Der grau unterlegte Bereich kennzeichnet die Einhüllende der stehenden Welle. Diese lokale Modulation der maximalen Feldstärke kann zumeist ignoriert werden, da übliche Strukturgrößen über viele Wellenlängen mitteln. Die Nanokristalle besitzen jedoch Ausdehnungen der Größenordnung $\lambda/30$. Wenn die Kristalle nun also direkt an der Oberfläche anhaften, so ist die Amplitude des Pumpfelds niedriger als $\mathcal{E}_0$ da sich hier ein Knoten der stehenden Welle befindet. Wie man in Abb. 3.3 erkennen kann, wirkt direkt auf der Oberfläche schon die dielektrikumsinterne Amplitude. Anschaulich wird dies z. B. auch über die Stetigkeitsforderung der Felder an der Oberfläche.

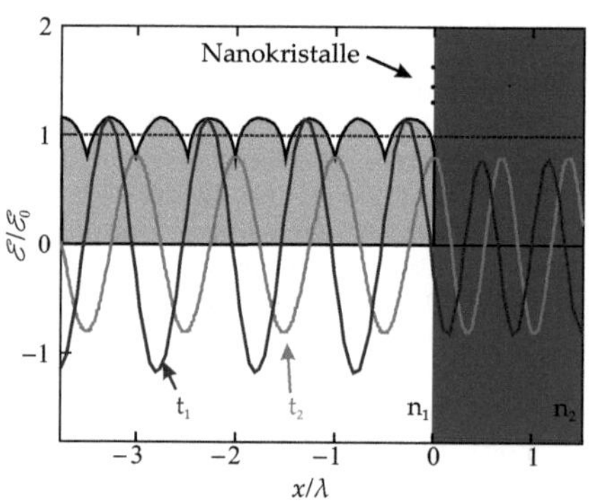

Abbildung 3.3: *Darstellung des Eindringverhaltens einer Lichtwelle mit der Frequenz ω, an zwei unterschiedlichen Zeiten, mikroskopisch betrachtet. Orange markiert ist das Feld bei einer Zeit $\omega t_1 = 0$ und blau bei $\omega t_2 = 0{,}3$. Dunkelgrau ist das Dielektrikum gekennzeichnet, hellgrau die Einhüllende der Lichtwelle, gestrichelt die Eingangsamplitude $\mathcal{E}_0$. Direkt auf dem Substrat hat die Einhüllende der stehenden Welle einen Schwingungsknoten. Die schwarzen Kreise stellen skalenrichtig Nanokristalle dar und als Dielektrikum wurde Glas angenommen.*

Der Korrekturfaktor der wirkenden Pumpintensität errechnet sich über $f_{\text{fr}} = n_2/n_1\,\mathfrak{t}^2$, unter Berücksichtigung der unterschiedlichen Phasengeschwindigkeiten. Für Nanokristalle auf Glasträgern bedeutet dies, dass mit $f_{\text{fr}} \approx 0{,}96$ die Pumpintensität außerhalb der Kristalle, durch die nahe Glasoberfläche, um etwa 4% gesenkt ist.

Intensitätsreduktion im Kristall

Durch Gl. 3.5 und f_{fr} wird die, direkt außerhalb der Nanokristalle wirksame, Lichtintensität bestimmt. Die Feldamplitude innerhalb des Kristalls entspricht nicht der außerhalb des Kristalls, da die Permittivität des Kristalls zu einer Impedanzfehlanpassung des Dipolmoments führt. Die intern wirkende Feldamplitude berechnet sich gemäß

$$\mathcal{E}_{\mathrm{p}} = \frac{3n_{\mathrm{h}}^2}{2n_{\mathrm{h}}^2 + n_{\mathrm{p}}^2}\sqrt{\frac{2\,n_{\mathrm{p}}\,f_{\mathrm{fr}}\,I_{\mathrm{p}}}{c_0\,\epsilon_0}}, \tag{3.8}$$

wobei $n_{\mathrm{p,h}}$ den gemittelten Brechungsindex des Kristalls bzw. der Umgebung für das Pumplicht bezeichnet und sich die Pumpintensität I_{p} gemäß Gl. 3.5 berechnet [67]. Der gemittelte, isotrope Brechungsindex der Kristalle berechnet sich aus $n_{\mathrm{p}} = n_{\mathrm{e}}/3 + 2n_{\mathrm{o}}/3$. Der Umgebungsbrechungindex $n_{\mathrm{h}} = 1$ ergibt sich aus der Annahme, dass Luft die Umgebung ausmacht.

Nichtlineare Koeffizienten zufällig orientierter Nanokristalle

Die unbekannte, zufällige Orientierung der Kristalle stellt eine Herausforderung dar. Um sie zu modellieren, muss es möglich sein, einen Kristall mit einer beliebigen Ausrichtung mit dem Lichtfeld formal interagieren zu lassen. Es existieren dabei zwei Koordinatensysteme: Einerseits das Laborkoordinatensystem, das gleichzeitig das Koordinatensystem des Pumplichtes ist. Andererseits existiert das Kristallkoordinatensystem, das durch die Kristallachsen des zufällig orientierten Kristalls definiert ist. Will man die nichtlineare Polarisierung ausrechnen, die das Pumplicht erzeugt, muss zwischen den Koordinatensystemen gewechselt werden.

Zugunsten der besseren Lesbarkeit, insbesondere der Koordinatentransformation, wechselt man hier nun von der tensoriellen auf die Matrixnotation. Der nichtlineare Koeffizient $d_{ijk} = \chi^{(2)}_{ijk}/2$ hat insgesamt 27 Komponenten, er muss aber invariant unter Permutation der elektrischen Felder sein, also $d_{ijk} = d_{ikj}$. Das schränkt die unabhängigen Komponenten auf insgesamt 18 ein. Diese 18 Komponenten werden üblicherweise in der sog. Voigt-Notation, oder kontrahierten Notation, als 3×6 Matrix $\hat{d}$ dargestellt. Die Matrixnotation benötigt nur zwei Indizes: Der erste Index wird aus der tensoriellen Schreibweise übernommen, der zweite wird durch Substitution der beiden letzten Tensorinidizes bestimmt:

Tensornotation	11	22	33	23, 32	13, 31	12, 21
Matrixnotation	1	2	3	4	5	6

Werden nun die Permutationen der elektrischen Feldkomponenten $\mathcal{E}_j\mathcal{E}_k$ als 6×1-Vektor angegeben, so stellt sich die nichtlineare Polarisierung bei Frequenzverdopplung in einem Kristall der Symmetriegruppe $3m$, in der $LiNbO_3$ unterhalb der Curie-Temperatur vorliegt, folgendermaßen dar

$$\begin{aligned}\vec{\mathcal{P}}_{(\mathrm{nl})} &= 2\epsilon_0\hat{d}(\vec{\mathcal{E}}) \\ &= 2\epsilon_0\begin{pmatrix} 0 & 0 & 0 & 0 & d_{15} & -d_{22} \\ -d_{22} & d_{22} & 0 & d_{15} & 0 & 0 \\ d_{31} & d_{31} & d_{33} & 0 & 0 & 0 \end{pmatrix}\begin{pmatrix} \mathcal{E}_1^2 \\ \mathcal{E}_2^2 \\ \mathcal{E}_3^2 \\ 2\mathcal{E}_3\mathcal{E}_2 \\ 2\mathcal{E}_3\mathcal{E}_1 \\ 2\mathcal{E}_1\mathcal{E}_2 \end{pmatrix},\end{aligned} \tag{3.9}$$

wobei die nichtverschwindenden Einträge der nichtlinearen Matrix $\hat{d}$ gegeben sind durch $d_{33} = -27$ pm/V, $d_{22} = -3.2$ pm/V und $d_{31} = d_{15} = -4.7$ pm/V bei einer Pumpwellenlänge von etwa 1 µm [5].

Ist die Polarisation des Pumplichtes beliebig im Kristallkoordinatensystem orientiert, so muss ein effektives, skalares d für eine bestimmte relative Orientierung berechnet werden. Für diese Arbeit wird dafür ein ähnlicher Weg genutzt, wie er von Hsieh et al. formuliert wurde [17, 18]. Grundüberlegung ist hierbei, dass das elektrische Feld im Laborkoordinatensystem parallel zu einer Einheitsvektorrichtung steht, z. B. parallel zur z-Richtung:

$$\vec{\mathcal{E}} = \mathcal{E}\,\vec{e_z}. \tag{3.10}$$

Dieses elektrische Feld wird jetzt mit Hilfe einer Eulertransformation in das Kristallkoordinatensystem gedreht. Die Eulertransformationsmatrix in der ZYX-Notation ist gegeben durch

$$\begin{aligned}\hat{U}(\vartheta,\phi,\psi) &= \begin{pmatrix}\cos\vartheta & -\sin\vartheta & 0 \\ \sin\vartheta & \cos\vartheta & 0 \\ 0 & 0 & 1\end{pmatrix}\begin{pmatrix}\cos\phi & 0 & \sin\phi \\ 0 & 1 & 0 \\ -\sin\phi & 0 & \cos\phi\end{pmatrix}\begin{pmatrix}1 & 0 & 0 \\ 0 & \cos\psi & -\sin\psi \\ 0 & \sin\psi & \cos\psi\end{pmatrix} \\ &= \begin{pmatrix}\cos\phi\cos\vartheta & \cos\vartheta\sin\phi\sin\psi - \cos\psi\sin\vartheta & \sin\vartheta\sin\psi + \cos\vartheta\cos\psi\sin\phi \\ \cos\phi\sin\vartheta & \cos\vartheta\cos\psi + \sin\phi\sin\vartheta\sin\psi & \cos\psi\sin\phi\sin\vartheta - \cos\vartheta\sin\psi \\ -\sin\phi & \cos\phi\sin\psi & \cos\phi\cos\psi\end{pmatrix}.\end{aligned} \tag{3.11}$$

Diese Transformation dreht das Koordinatensystem, wie in Abb. 3.4 schematisch dargestellt. Durch die Rechtsmultiplikation wird zuerst um den Winkel ψ um die x-Achse, dann um ϕ um die neue y'-Achse, und zuletzt um ϑ um die neue z''-Achse gedreht. Wirkt sie auf $\mathcal{E}\vec{e_z}$, erhält man das elektrische Feld im Kristallkoordinatensystem,

$$\vec{\mathcal{E}}''' = (\hat{U}(\vartheta,\phi,\psi)\vec{e_z})\mathcal{E}. \tag{3.12}$$

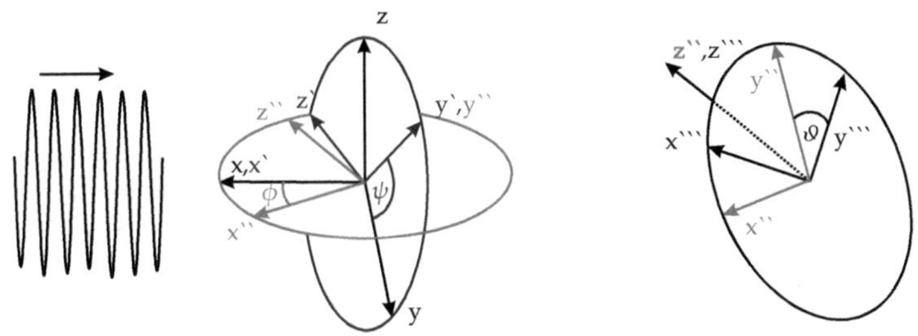

Abbildung 3.4: *Veranschaulichung der Rotations-Transformationen der Eulermatrix $\hat{U}(\vartheta, \phi, \psi)$. Die Lichtpolarisation ist in dem Laborreferenzsystem in z-Richtung. Das elektrische Feld wird erst um die x-Achse gedreht, dann um y', erkennbar in der linken Darstellung. Die dritte Drehung, rechts dargestellt, dreht zuletzt um die z''-Achse endgültig in das Kristallkoordinatensystem. In dieser Grafik ist erkennbar, dass die erste Drehung der Wirkung einer Halbwellenplatte entspricht.*

Die Wahl der ZYX-Notation hat hier den Vorteil, dass die erste Drehung um den Winkel ψ einer Drehung der Pumplichtpolarisation um genau diesen Winkel entspricht, z. B. durch die Hilfe einer Halbwellenplatte. Gleichzeitig entspricht der Winkel ϕ der Verkippung der c-Achse des Kristalls gegenüber der Auflagefläche, also den Zenitwinkel der c-Achse gegenüber der Unterlage. Der Winkel ϑ beschreibt eine Drehung des Kristalls um seine c-Achse, dies entspricht seinem Azimutwinkel. Gleichung. 3.12 ermöglicht dann die Separierung der Feldstärke in Gl. 3.9

$$\vec{\mathcal{P}}_{(\mathrm{nl})}(\vartheta, \phi, \psi, E) = 2\epsilon_0 \hat{d}(\hat{U}(\vartheta, \phi, \psi)\vec{e_z})\, E^2. \tag{3.13}$$

Gemäß Gl. 3.18 wird die abgestrahlte Gesamtleistung der frequenzverdoppelten Welle durch das Quadrat des Betrags der Punktdipol-Polarisierung $\mathcal{P}_{(\mathrm{nl})}$ bestimmt. Gleichung 3.13 ergibt dann

$$\begin{aligned} |\vec{\mathcal{P}}_{(\mathrm{nl})}(\vartheta, \phi, \psi, \mathcal{E})|^2 &= (2\epsilon_0 \mathcal{E}^2)^2 d_{\mathrm{m}}^2(\vartheta, \phi, \psi), \qquad (3.14)\\ \text{mit} \quad d_{\mathrm{m}}(\vartheta, \phi, \psi) &= \sqrt{\sum_i \hat{d}(\hat{U}(\vartheta, \phi, \psi)\vec{e_z})_i^{\,2}}. \end{aligned}$$

Gleichung 3.14 liefert so den formalen Zusammenhang, um bei beliebigen Kristallausrichtungen ein effektives skalares d zu bestimmen.

3.1.3 Gesamtleistung der frequenzverdoppelten Welle im Nanokristall

Die Größe der Kristalle ist klein im Vergleich zur kristallinternen Pumpwellenlänge $\lambda_{\mathrm{int}} = \lambda_0/n \approx 500$ nm. Das elektrische Feld des Lichts scheint in diesem Fall konstant über den Kristall hinweg zu sein, jedoch zeitlich oszillierend. Es ist also darstellbar durch $\mathcal{E}(t) = \mathcal{E}_0 e^{-i\omega t}$. Dieser Grenzfall wird für sehr kleine Dielektrika in der Literatur als „quasi-elektrostatische-Näherung" („quasi-electrostatic approximation") bezeichnet [67]. Durch den Wegfall der räumlichen Oszillation ist die übliche Herleitung der nichtlinearen Konversion nicht zulässig [65].

Ein Bestandteil der quasi-elektrostatischen-Näherung ist, dass die Interaktion der dielektrischen Partikel mit dem elektrischen Feld des Lichtes durch die Interaktion von Punktdipolen mit dem elektrischen Feld angenähert werden kann. Abbildung 3.5 zeigt schematisch ein solches sphärisches Dielektrikum, welches viel kleiner als die Lichtwellenlänge ist. Durch die oszillierende, nahezu homogene, Polarisierung $\mathcal{P}$ kann das Partikel als Hertz'scher Dipol betrachtet werden, der mit einer elektromagnetischen Welle interagiert.

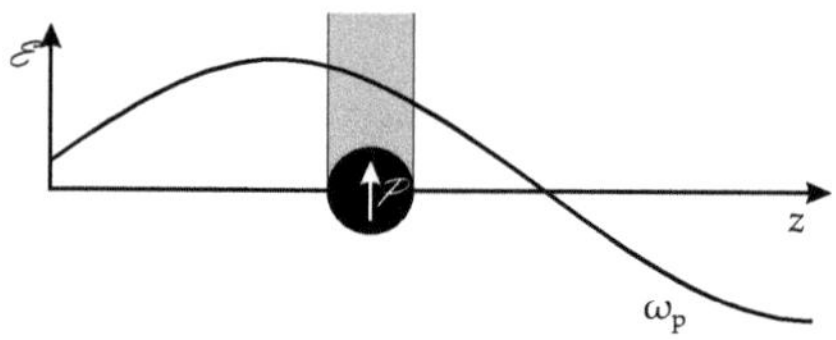

Abbildung 3.5: *Schematische Darstellung zur quasi-elektrostatischen-Näherung. Das Dielektrikum ist sehr klein gegenüber der Wellenlänge des Lichts, die Feldstärke ändert sich nur wenig entlang des Partikels. Damit existiert eine nahezu homogene Polarisierung $\mathcal{P}$.*

Existiert eine nichtlineare Polarisierung zweiter Ordnung in einem solchen Nanobjekt, so erzeugt diese ein Dipolmoment, das als Hertz'scher Dipol abstrahlt. Die Polarisierung ist dabei gegeben durch den $\chi^{(2)}$-Entwicklungsterm aus Gl. 3.1. Die abgestrahlte Welle hat nach Gl. 3.4 im einfachsten Fall die doppelte Frequenz. Das Dipolmoment D eines solchen Partikels berechnet sich, mit dem Partikelvolumen $V = (3/4)\,\pi\, r^3$, gemäß

$$\vec{D} = V\,\vec{\mathcal{P}}_{(\mathrm{nl})}. \tag{3.15}$$

Ein Punktdipol mit dem oszillierenden Dipolmoment $\vec{D}$ emittiert, integriert über alle Raumwinkel, die Gesamtleistung W [66]:

$$W = \frac{c^2\, Z_0\, k^4}{12\,\pi}\,|\vec{D}|^2 \tag{3.16}$$

$$= \frac{c^2\, Z_0\, k_2^4\, V^2}{12\,\pi}\,|\vec{\mathcal{P}}_{(\mathrm{nl})}|^2, \tag{3.17}$$

mit der Vakuumpimpedanz Z_0 und unter Ausnutzung von Gl. 3.15. Damit ergibt sich als abgestrahlte Gesamtleistung der frequenzverdoppelten Welle in tensorieller Darstellung

$$W_{\mathrm{SH}} = \frac{c^2\, Z_0\, k_2^4\, V^2}{12\,\pi}\,\sum_i (2\,\epsilon_0\, d_{ijk}\,\mathcal{E}_j\,\mathcal{E}_k)^2. \tag{3.18}$$

Man erkennt in Gl. 3.18 die übliche Abhängigkeit der Leistung der zweiten Harmonischen von dem Quadrat der Pumpintensität und dem Quadrat des nichtlinearen

Koeffizienten. Ungewöhnlich ist die Abhängigkeit von der sechsten Potenz des Kristalldurchmessers. Eine solche Abhängigkeit ist von der Rayleigh-Streuung bekannt, also der Lichtstreuung kleiner Partikel. In beiden Fällen ist der Ursprung der gleiche: Die abgestrahlte Leistung ist proportional zu den jeweiligen Dipolmomenten, und damit zu V^2 bei kleinen Partikeln. Die lineare Streuung und die nichtlineare Frequenzverdopplung skalieren also gleich mit dem Partikelradius, für einzelne nanoskalige Partikel. Erst eine Rückkopplung der frequenzverdoppelten Welle, oder eine phasenrichtige Hintereinanderreihung vieler Nanokristalle, würde die Skalierung der nichtlinearen Prozesse bevorzugen.

Einsetzen der Gl. 3.14 in die Gl. 3.18 gibt nun die quasiskalare Formulierung der abgestrahlten, frequenzverdoppelten Gesamtleistung

$$W_{\mathrm{SH}} = \frac{c^2 \, Z_0 \, k_2^4 \, V^2 \, \epsilon_0^2}{3\,\pi} \, d_{\mathrm{m}}^2(\vartheta, \phi, \psi) \, \mathcal{E}^4. \tag{3.19}$$

Bei bekannten Pumplichtparametern fehlt allerdings noch die Größe des Kristallvolumens V des Einzelkristalls. Ohne dieses ist aus einer gemessenen Leistung zunächst nur $V^2 \, d_{\mathrm{m}}^2$ eindeutig zu bestimmen. Die Kristalle sind nicht monodispers, gleichzeitig ist es sehr schwierig, die Größe eines Einzel-Kristalls direkt, parallel zur SHG-Untersuchung, zu bestimmen. Eine in-situ-Größenbestimmungen der Kristalle, kleiner als 20 nm, ist selbst durch rasterelektronenmikroskopische Methoden nur begrenzt möglich. Hier stoßen diese an ihre Auflösungsgrenze. Daher ist es notwendig, viele Kristalle zu untersuchen und statistische Auswertungen folgen zu lassen, um die Größenverteilung der Kristalle herausrechnen zu können.

3.1.4 Abstrahl- und Detektionscharakteristik

Bisher wurde die Gesamtleistung betrachtet, die der Nanokristall über alle Richtungen hinweg abstrahlt. In einem Experiment wird die Detektion aber selten in einer 4π-Geometrie stattfinden. Bei den hier vorgestellten Experimenten findet die Detektion durch ein $100\times$-Mikroskopobjektiv statt. Die Maximierung des Raumwinkels, der zur Detektion beiträgt, wird dadurch erreicht, dass das Mikroskopobjektiv für Öl-Immersion optimiert ist. Dabei überbrückt ein brechungsindexangleichendes Öl den Spalt zwischen dem Objektträger und dem Mikroskopobjektiv. Mit einer numerischen Apertur NA=1,4, die sich mit dem Brechungsindex n_{im} der Immersion durch $\mathrm{NA} = n_{\mathrm{im}} \sin\theta_{\mathrm{öff}}$ errechnet, ergibt sich ein Öffnungswinkel der Detektion von etwa $150°$.

Aber selbst mit diesem großen Öffnungswinkel der Detektion muss die räumliche Verteilung der emittierten Leistung, also die Abstrahlcharakteristik, berücksichtigt werden. Anschaulich wird dies in Abb. 3.6 dargestellt. Der Kegel mit einem $150°$-Öffnungswinkel entspricht einem Raumwinkel, der etwa 35% der vollen Kugel ausmacht. Die Extrapolation des detektierten Lichts unter der Annahme, dass man auch 35% der Gesamtleistung detektiert hat, ist nur bei isotroper Abstrahlcharakteristik korrekt, wie in Abb. 3.6a gezeigt. Ist die Abstrahlcharakteristik anisotrop, muss der Anteil der detektierten Leistung an der Gesamtleistung anders bestimmt werden.

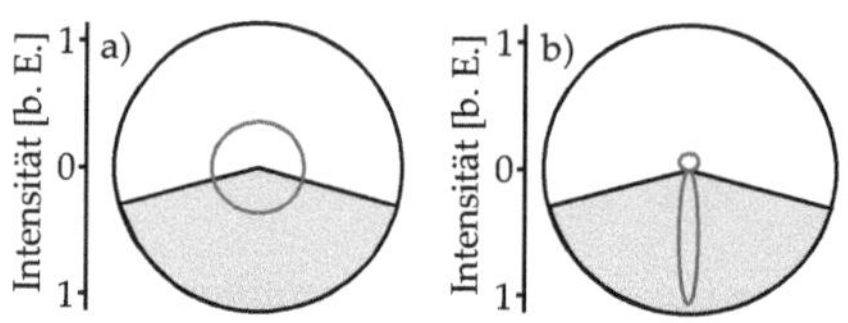

Abbildung 3.6: *a) Polardiagramm einer isotropen Strahlungscharakteristik. Extrapolation der im grau unterlegten Bereichs gemessenen Intensität ist korrekt. b) Polardiagram einer anisotropen Strahlungscharakteristik. Extrapolation ohne Berücksichtigung der Strahlungscharakteristik liefert einen systematisch falschen Wert.*

In Kap. 3.1.3 wurde erläutert, dass die Abstrahlung des Nanokristalls durch eine Punktdipolantenne beschrieben werden kann. Abbildung 3.7a zeigt die Emissionscharakteristik eines solchen Punktdipols im freien Raum. Solche haben grundsätzlich eine Sinus-förmige Abstrahlcharakteristik. In den Experimenten liegen die Nanokristalle allerdings auf einem Glassubstrat, die Permittivität der Umgebung der Antennen ist also anisotrop. Diese Anisotropie ändert nun die Abstrahlcharakteristik der Antenne signifikant, wenn der Permittivitätssprung im Nahfeld der Antenne liegt. Streuungen, die im Nahfeld der Antenne stattfinden, erzeugen eine starke Rückkopplung auf die Antenne. Die Antenne ist bei ihnen besonders empfindlich. Die Ausdehnung des Nahfeldes beträgt dabei meist nur wenige Wellenlängen.

Diese Problematik, die eine dielektrischen Oberfläche in der Nähe einer Dipolantenne für deren Abstrahlcharakteristik liefert, ist schon länger bekannt. Sie wurde zum ersten Mal Anfang des 20ten Jahrhunderts durch Sommerfeld im Zusammenhang mit Radiowellen beschrieben [68]. Seit einigen Jahren hat die entsprechende Theorie auch Beachtung in der Nanophotonik gefunden.

Abbildung 3.7b zeigt schematisch eine solche Punktdipolantenne nahe eines planen Dielektrikums. Relevant für die mathematische Beschreibung sind die Brechungsindizes der Halbräume n_1 und n_2, der Abstand z_0 des Dipols vom Dielektrikum und der Winkel γ_a zwischen dem oszillierenden Dipolmoment und der Oberfläche. Für diese Arbeit wurde nun die Abstrahlcharakteristik einer Punktdipolantenne berechnet, die in einem Abstand von 0 bis 2500 nm von einer Glasoberfläche entfernt Licht mit 532 nm Wellenlänge abstrahlt. Dies wurde des Weiteren für unterschiedliche Dipolmomentorientierungen modelliert. Die formalen Zusammenhänge sollen hier nicht weiter erläutert werden. Bei Novotny et al. finden sich alle notwendigen mathematischen Zusammenhänge und Beschreibungen der winkelabhängigen Strahlungscharakteristik $P_{\text{emis}}(\gamma, \phi_e)$, die für eine Modellierung notwendig sind [69]. Für die folgenden Untersuchungen wurde $P_{\text{emis}}(\gamma, \phi_e)$ azimutal integriert, um die Abhängigkeit von ϕ_e zu eliminieren. Die hier berechneten normierten Strahlungscharakteristika $P_{\text{emis}}(\gamma)$, mit Luft in oberen Halbraum und Glas im unteren, bei ausgesuchten Parametern finden sich in Abb. 3.8.

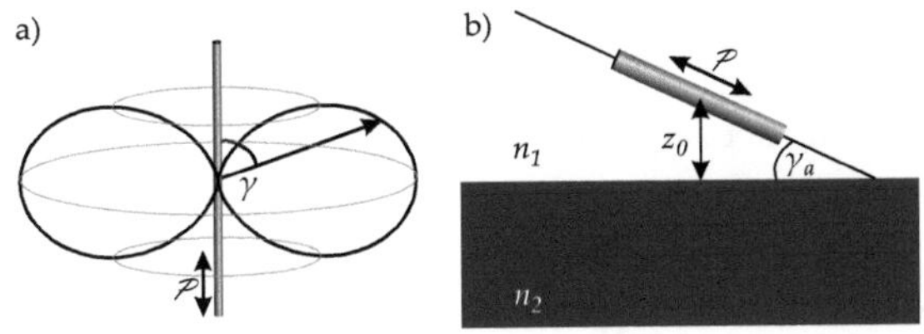

Abbildung 3.7: *a) Polardiagramm der Strahlungscharakteristik eines Punktdipols im freien Raum mit* $\sin\gamma$*-Abhängigkeit. b) Die Strahlungscharakteristik wird beeinflusst durch ein nahes Dielektrikum im Abstand* z_0 *und den Winkel zwischen Dipol und Oberfläche* γ_a*. Ist Luft im oberen Halbraum, und Glas im unteren, so ist* $n_1 = 1$ *und* $n_2 = 1{,}48$*. In beiden Grafiken sind die schwingenden Polarisierungen* $\mathcal{P}$ *durch Doppelpfeile gekennzeichnet.*

Grundsätzlich erkennt man, dass ein Großteil der emittierten Leistung in das dielektrische Substrat eingekoppelt wird. Das ist für die späteren Messungen von großem Vorteil. Weiterhin gibt es innerhalb des Dielektrikums einen Winkelbereich, in den viel Leistung emittiert wird. Außerhalb dieses Winkelbereichs existiert so gut wie gar keine Strahlungsleistung. Der maximale „erlaubte" Winkel entspricht dabei $\gamma_{\text{crit}} = \arcsin(n_1/n_2)$. Makroskopisch kann es kein Licht geben, welches in einem größeren Winkel zur Flächennormalen durch das Dielektrikum läuft. Ein aus dem Fernfeld einfallender Lichtstrahl läuft hierbei schon parallel zur Oberfläche. Ein größerer Eintrittswinkel ist nicht möglich. Dagegen ist dieser Ausschluss für Licht, welches innerhalb des Nahfeldes in das Material eingekoppelt wird, nicht so streng. Es kann zum Teil das Medium unter einem größeren Winkel durchlaufen. Diese kritischen Winkel sind in den Diagrammen durch die gestrichelten, verlängerten Linien gekennzeichnet. Direkt um diese kritischen Winkel herum findet man eine sehr hohe Abstrahlungsleistung der Dipolantenne. Anschaulich gesprochen wird ein Großteil der Strahlung, die eigentlich in den verbotenen Bereich hineinstrahlen würde, hier gesammelt. In Abb. 3.8 ist der Öffnungswinkel der Auffangoptik wieder grau unterlegt. Da der kritische Winkel kleiner ist als der Öffnungswinkel der Optik, wird man im späteren Experiment sicher sein können, dass nahezu die gesamte in den unteren Halbraum abgestrahlte Leistung tatsächlich von der Optik aufgefangen wird.

Bei Änderung des Abstands z_0 ist im oberen Halbraum ein Interferenzverhalten des abgestrahlten Lichts erkennbar, während im unteren Halbraum mit kleiner werdenden Abständen $z_0 < \lambda$ immer mehr Licht in den verbotenen Bereich abgestrahlt wird. Exemplarisch sind in Abb. 3.8a drei Abstände z_0 für $\gamma_a = 30°$ aufgetragen. Die Antenne liegt also gekippt auf dem Substrat. Daher weisen alle Kurven eine leichte rechts/links-Asymmetrie auf. Bei $z_0 = 0{,}01\lambda$ beträgt der in das Dielektrikum eingekoppelte Strahlungsanteil etwa 80%, mit einer signifikanten Strahlungsleistung außerhalb des erlaubten Bereichs. Mit 532 nm Wellenlänge entspricht $0{,}01\lambda$ einem 5 nm großen Abstand. Wird der Abstand der Antenne zur Oberfläche größer, so wird der relative Anteil, des in den oberen Halbraum abgestrahlten Lichts größer und es treten durch Interferenz Minima und Maxima der Leistungsverteilung auf. Ab $z_0 = \lambda$

gibt es praktisch keine Strahlung außerhalb des kritischen Winkels im Dielektrikum. Die Strahlungscharakteristik innerhalb des kritischen Winkels ist invariant unter einer Abstandsänderung der Antenne.

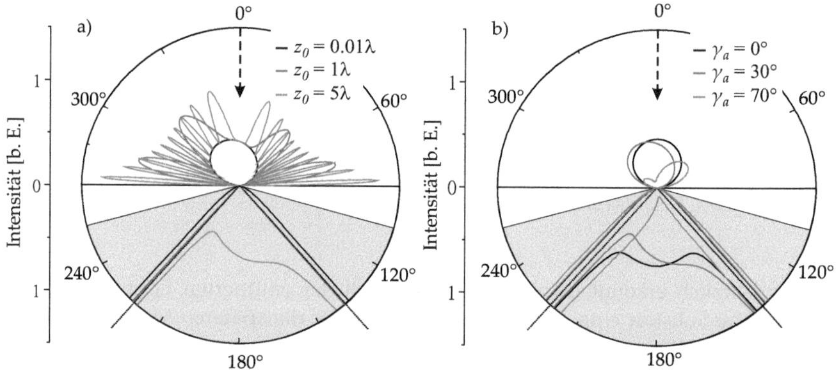

Abbildung 3.8: *Winkelabhängige abgestrahlte Intensität eines Punktdipols nahe einer Glasoberfläche. Das Pump-licht propagiert in Pfeilrichtung. Der hinterlegte Bereich kennzeichnet einen 150°-Akzeptanzwinkels eines NA-1,4-Mikroskopobjektivs. a) Mit drei verschiedenen Abständen des Punktdipols von der Oberfläche, $\gamma_a = 30°$. b) Mit drei verschiedenen Zenitwinkeln γ_a des oszillierenden Dipolmoments zur Oberfläche, $z_0 = 0{,}01\lambda$.*

Im Experiment wird der Emitter durch Oberflächenadhäsion auf dem Glas aufgebracht sein, der Abstand wird nur wenige nm betragen. Damit ist klar, dass der größte Anteil des abgestrahlten Lichts in das Glas gekoppelt, und damit von der Optik aufgefangen wird. Dieser detektierte Leistungsanteil des gesamten abgestrahlten Lichts berechnet sich durch das Integral der normierten Leistungsdichte innerhalb des Öffnungswinkels der Optik. Verbleibend muss nun geklärt werden, wie sich der detektierte Leistungsanteil durch eine Orientierungsänderung des oszillierenden Dipolmoments, also der äquivalenten Antenne, ändert.

Um die Auswirkung der Dipolausrichtung zu zeigen, sind in Abb. 3.8b drei Strahlungscharakteristika mit unterschiedlichen Antennenorientierungen bei einem konstanten $z_0 = 0{,}01\lambda$-Abstand dargestellt. Der Winkel γ_a wird sich im Experiment durch die relativen Polarisierungsanteile parallel und senkrecht zur Strahlrichtung ergeben. Die jeweiligen Strahlungscharakteristika sind sehr unterschiedlich, sowohl innerhalb als auch außerhalb des Glassubstrats, doch an diesem Punkt interessiert primär nur noch der detektierte Leistungsanteil f_{de}. Berechnet man diesen für die verschiedenen möglichen Antennenorientierungen γ_a, so ergibt sich eine leichte Winkelabhängigkeit, dargestellt in Abb. 3.9. Für die genutzte Detektionsoptik ist der detektierte Leistungsanteil minimal, wenn die Antenne parallel auf der Oberfläche liegt, mit $f_{de} = 0{,}75$ und maximal, wenn die Antenne senkrecht auf der Oberfläche steht, mit $f_{de} = 0{,}88$.

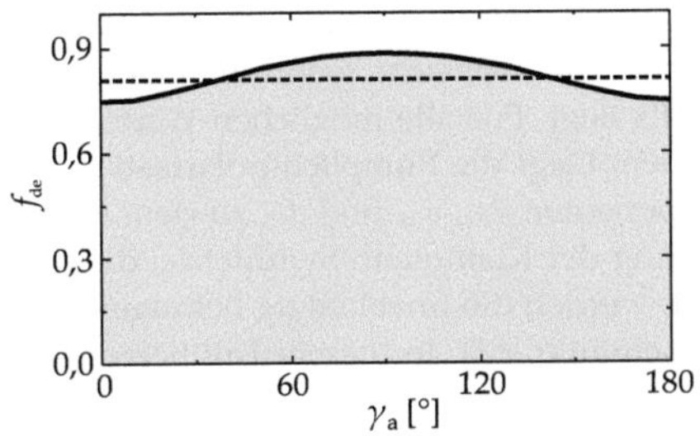

Abbildung 3.9: *Detektierter Anteil der abgestrahlten Gesamtleistung f_{de} bei einer 150°-Sammeloptik. Der Mittelwert 0,81 ist gestrichelt eingezeichnet.*

Die Annahme einer mittleren Detektionseffizienz von $f_{de} = (0{,}81 \pm 0{,}07)$ erlaubt es daher, die Orientierungsabhängigkeit zu vernachlässigen. Diese Annahme liefert den Vorteil, dass zumindest für die Detektion die Kristallorientierung im Laborsystem keine Rolle spielt. Der damit verbundene Fehler ist zudem kleiner als 10%. Mit der detektierten Leistung W_{de} kann die emittierte Gesamtleistung dann gemäß $W_{SH} = W_{de}/f_{de}$ berechnet werden.

3.1.5 Vorhersagen des Modells

Mit Hilfe des Gesamt-Modells soll nun das Verhalten des skalaren, effektiven $d_m(\vartheta, \phi, \psi)$ und der detektierten Leistung unter Variation der unterschiedlichen Winkel untersucht werden, um einen Eindruck der Vorhersagen zu gewinnen. Das Modell lässt sich so zusammenfassen, dass die nichtlinear-optische Polarisierung genau so stattfindet, wie es von Volumenkristallen bekannt ist, allerdings die Ein- und Auskopplung der Lichtfelder durch Punktdipolantennen beschrieben werden. Abbildung 3.10 zeigt exemplarisch Polardiagramme des skalaren d_m, wobei der Polarwinkel im Diagramm ψ entspricht. Es wurden unterschiedliche Werte für ϕ und ϑ angenommen. Damit werden unterschiedlich orientierte Nanokristalle modelliert, und es wird ersichtlich, welcher effektive nichtlineare Koffizient bei Rotation der Pumplichtpolarisation wirksam wird.

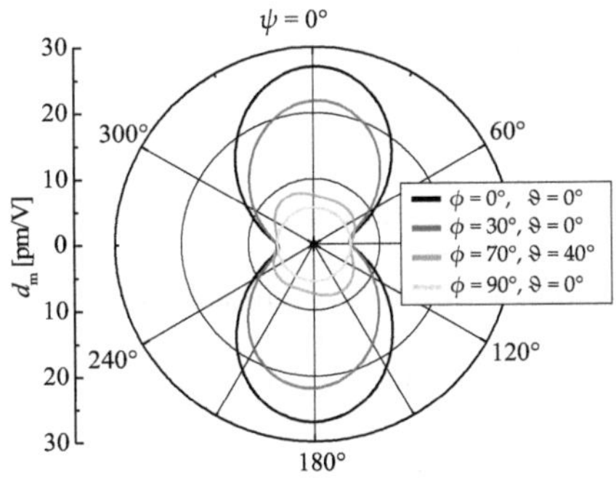

Abbildung 3.10: *Polardiagramm des berechneten, skalaren $d_m(\vartheta, \phi, \psi)$ für unterschiedliche Werte für ϑ und ϕ. Der Winkel ψ ist die unabhängige Variable. Eine Lichtpolarisation senkrecht zur Kristall-c-Achse entspricht $\psi = 90°$, während $\psi = \phi = 0°$ einer parallelen Lichtpolarisation entspricht. Bemerkenswert ist, dass bei jeder Kurve das Minimum immer 5,6 pm/V beträgt, während das Maximum zwischen 27 pm/V und 5,6 pm/V variiert.*

Es ist erkennbar, dass alle Kurven mindestens zwei Minima aufweisen, deren Wert jeweils gleich ist. Dieses Minimum wird immer dann erreicht, wenn die Lichtpolarisation in der xy-Ebene des $LiNbO_3$-Kristalls liegt. Für alle möglichen Werte von ϑ und ϕ gibt es Werte für ψ, die dies erreichen. Liegt die Pumplichtpolarisation in der xy-Ebene, so tragen nur die Tensorkomponenten d_{22}, d_{31} und d_{15} zu dem effektiven Koeffizienten bei. Unter Berücksichtigung der Kleinmann-Symmetrie, die für $LiNbO_3$ für nahinfrarotes Pumplicht zutrifft, werden die unabhängig beitragenden Komponenten durch $d_{31} = d_{15}$ auf zwei beschränkt [65]. In diesem Fall berechnet sich das minimale $d_\mathrm{m}(\vartheta, \phi, \psi)$ durch

$$d_\mathrm{m}^\mathrm{min} = \sqrt{d_{22}^2 + d_{31}^2} = 5{,}6\ \mathrm{pm/V}. \tag{3.20}$$

Das maximale d_m eines zufällig orientierten $LiNbO_3$-Nanokristalls wird immer dann erreicht, wenn die Pumplichtpolarisation hauptsächlich d_{33} treibt, da dieser den bei weitem höchsten Wert der Koeffizienten hat. Der Wert des Maximums wird daher aus der Projektion der Lichtpolarisationsrichtung auf die z-Achse des Kristalls bestimmt. Der Wert des Maximalwertes ist durch die Orientierung des Partikels bestimmt und hat für ein einzelnes zufällig orientiertes Partikel keinen fest vorhersagbaren Wert. Jedoch lässt sich ein mittlerer Maximalwert errechnen durch eine Mittlung gemäß

$$d_\mathrm{m,ave}^\mathrm{max} = \frac{\int_0^{2\pi}\int_0^{\pi} d_\mathrm{m}(\vartheta, \phi, 0°) \sin\phi \,\mathrm{d}\phi \,\mathrm{d}\vartheta}{4\pi} = 12{,}9\ \mathrm{pm/V}. \tag{3.21}$$

Mit diesen beiden Fixpunkten in den polarisationsabhängigen Konversionseffizienzen existiert nun die Möglichkeit, die Konsistenz der späteren Messdaten mit den nichtlinearen Koeffizienten der Volumenkristalle zu prüfen. Insbesondere der minimale Wert $d_\mathrm{m}^\mathrm{min}$ ist hilfreich, da dieser invariant unter Kristalldrehungen ist. Egal wie der Kristall liegt, die minimale Konversion entspricht immer $d_\mathrm{m}^\mathrm{min}$. Bei dem maximalen Wert müssen dagegen einige Kristalle untersucht werden, um einen Mittelwert zu erhalten.

Pumplichtpolarisation und konvertierte Leistung

Unter der Annahme, dass die Pumpintensität $I_\mathrm{p} = 100\ \mathrm{GW/cm^2}$ beträgt und die Kristalle einen Radius von $r = 15$ nm besitzen, können die effektiven nichtlinearen Koeffizienten in SH-Leistungen umgerechnet werden. Berücksichtigt man noch zusätzlich die Detektionseffizienz f_de so kann die detektierte Leistung in Abhängigkeit von der Pumplicht-Polarisation bestimmt werden. Für Abb. 3.11 wurde dies für verschiedene Kristallorientierungen durchgeführt. Jede Kurve stellt jeweils einen einzelnen Kristall dar, dessen SH-Antwort Pumplicht-polarisationsabhängig untersucht wird. Als solche kann bei jeder Kristallorientierung eine maximale und minimale SH-Antwort ($W_\mathrm{de}^\mathrm{max}$ und $W_\mathrm{de}^\mathrm{min}$) bestimmt werden, was exemplarisch für die Kurve mit

$\phi = 0°$ und $\vartheta = 0°$ markiert wurde. Die Modellierung sagt hier z. B. $W_{de}^{max} = 0{,}72\,\mu W$ und $W_{de}^{min} = 0{,}04\,\mu W$ voraus.

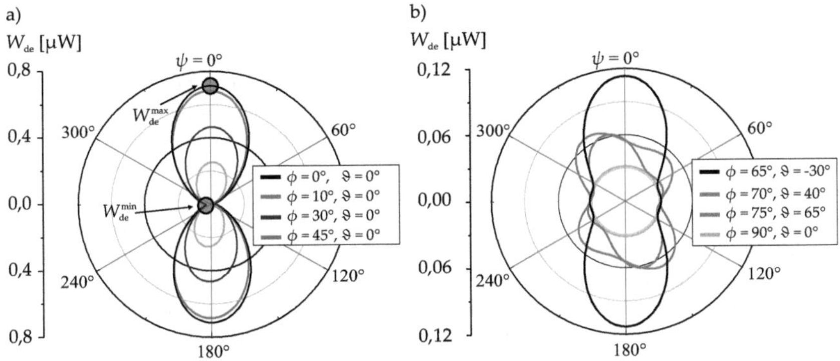

Abbildung 3.11: *Polardiagramm der detektierten frequenzverdoppelten Leistung W_{de} bei unterschiedlichen Kristallorientierungen. Die Pumplichtpolarisation wird um den Winkel ψ geändert. Dabei wird eine Pumpintensität $I_0 = 100$ GW/cm^2 und ein Kristallradius $r = 15$ nm angenommen: a) Für Zenitwinkel $\phi \leq 45°$. Die maximale und minimale SH-Antwort (W_{de}^{max} und W_{de}^{min}) sind exemplarisch markiert. b) Für Zenitwinkel $\phi \geq 65°$.*

Ändert sich der Zenitwinkel ϕ, so sinkt die maximal nachgewiesene Leistung W_{de}^{max}; d_{33} trägt weniger zu d_m bei. Gut erkennbar ist, dass W_{de}^{min} unabhängig von dem Zenitwinkel ϕ ist.

Die SH-Antworten aller Kristalle, die einen Zenitwinkel $\phi \leq 60°$ aufweisen, zeigen eine „Sanduhr-Form" in der polaren Darstellung. Selbst wenn die c-Achse der Kristalle bei weitem nicht parallel zu der Substratfläche liegt, wird die Form der Polarisationsabhängigkeit der Konversion durch d_{33} dominiert. Der Koeffizient d_{33} ist etwa fünfmal so groß wie die anderen Koeffizienten, daher sorgt er für eine Dominanz der Polar-Achssymmetrie, für einen großen Bereich des Zenitwinkels ϕ. Es zeigt sich in den Simulationen, dass alle Kristalle, die einen Zenitwinkel zwischen $0 < \phi < 60°$ oder $120° < \phi < 180°$ aufweisen, eine solche einfache Symmetrie erzeugen. Es würden die zwei Koeffizienten d_{33} und d_{31}, die aus einer einzelnen polaren Achse resultieren, ausreichen, um die Daten zu beschreiben. Die Simulationen zeigen außerdem, dass der Azimutwinkel ϑ des Kristalls bei $\phi < 50°$ keine Auswirkung auf die Lichtkonversion hat.

Um die Auswirkung des dritten nichtlinearen Koeffizienten direkt zu sehen, sind Kristalle in dem genannten, ausgesparten 60°-Fenster notwendig. Abbildung 3.11b zeigt die Simulationen der SH-Antworten verschiedener Einzelkristalle mit solch einer Ausrichtung. Es bilden sich Strukturen, die sich grundsätzlich von denen aus Abb. 3.11a unterscheiden. Des weiteren wird hier die SH-Erzeugung nun signifikant durch den Azimutwinkel ϑ beeinflusst.

Konversions-Modulation eines Einzelkristalls

Nach Abb. 3.11 ist zu vermuten, dass, während das Minimum gleichbleibt, das Maximum hauptsächlich von ϕ abhängt. Und tatsächlich zeigt sich dieses Verhalten in Abbildung 3.12a, wo die maximale und minimale SH-Antwort eines Kristalls aufgetragen sind, wenn der Zenitwinkel ϕ variiert wird. Für Abb. 3.12b wurde nun die Modulation eines Einzelkristalls, gemäß $M = W_{\text{de}}^{\text{max}}/W_{\text{de}}^{\text{min}}$, definiert. Setzt man Gl. 3.19 ein, so verbleibt nur noch $M = d_{\text{min}}^2/d_{\text{max}}^2$. Diese einheitenlose Größe hat den Vorteil, dass hierbei jegliche Größen- oder Leistungsabhängigkeit eliminiert wird. Mit ihrer Hilfe kann aus den Messungen vieler Kristalle eines Ensembles die relative Größe der nichtlinearen Koeffizienten bestimmt werden. Damit ist sie ein Mittel, um zu prüfen, ob sich die nichtlinearen Koeffizenten der Nanokristalle relativ zueinander ändern. Das Modell ordnet, wie in Abb. 3.12b dargestellt, jedem Zenitwinkel eine Modulation zu. Ganz grundsätzlich ergibt sich aus dem Modell ein erlaubter Wertebereich der Modulation, wenn man die Tensorelemente von Volumenkristallen benutzt. Die minimale Modulation $M = 1$ zeigt sich, wenn die c-Achse parallel zum Pumpstrahl liegt, und die maximale Modulation $M = (27\ \text{pm/V})^2/(5{,}6\ \text{pm/V})^2 \approx 23$, wenn die c-Achse senkrecht zum Pumpstrahl liegt.

Zeichnet man die Häufigkeiten auf, mit denen die jeweiligen Modulationswerte angenommen werden, so werden zunächst die Extremwerte $M = 1$ und $M = 23$ überrepräsentiert, was sich in Abb. 3.12c zeigt, wenn man die orange Kurve betrachtet. Diese Kurve berücksichtigt aber nicht die Orientierungsdichtefunktion, also wie hoch die Wahrscheinlichkeit ist, die Ausrichtung in einem gewissen Raumwinkelelement zu finden. Ist jede Orientierung gleich wahrscheinlich, so ist die Orientierungsdichte dennoch nicht konstant. Sie verhält sich proportional zu $1/(4\pi)\sin\phi$, um die vollständige Raumwinkel-Integration zu normieren. Berücksichtigt man dies, so ergibt sich die schwarze Kurve in Abb. 3.12c. Sind die Kristalle zufällig verteilt, so werden niedrige Modulationen bevorzugt, und man erkennt einen graduellen Rückgang der Wahrscheinlichkeit, bis sie bei $M = 23$ abrupt auf 0 zurückgeht.

3.2 Experimentelle Methoden

Selbst wenn die Intensität des Pumplichtes in der Größenordnung $100\ \text{GW/cm}^2$ liegt, wird ein einzelner Nanokristall nur einige Mikrowatt Gesamtleistung in der zweiten Harmonischen abstrahlen, wie in Abschnitt 3.1.5 hergeleitet wurde. Solche Intensitäten sind sinnvoll nur mit gepulsten, fokussierten Laserquellen zu erreichen. Wird mit einer gepulsten Pumpwelle gearbeitet, so ist es naheliegender, die im Puls erzeugte Energie anzugeben, anstatt der Pulsleistung. Wenn z. B. mit einem $t_{\text{p}} = 1$ ns-Puls die $100\ \text{GW/cm}^2$-Intensität erreicht wird, so wird der Kristall insgesamt nur wenige Attojoule der frequenzverdoppelten Welle abstrahlen.

Ein experimenteller Aufbau zur Untersuchung der Konversionseigenschaften der Nanokristalle muss daher darauf ausgelegt sein, sehr schwache frequenzverdoppel-

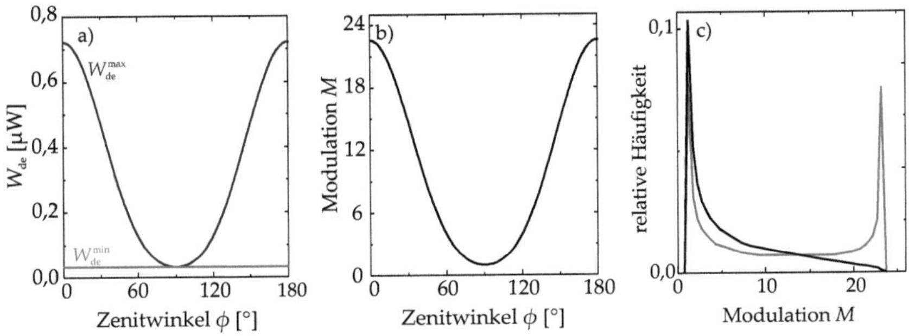

Abbildung 3.12: *a) Maximal und minimal nachgewiesene SH-Leistung (W_{de}^{max} und W_{de}^{min}) in Abhängigkeit von dem Zenitwinkel ϕ. Das Maximum und Minimum wird durch eine Drehung um ψ bestimmt, also einer Drehung der Pumplicht-Polarisation durch eine Halbwellenplatte. Annahmen sind weiterhin $I_p = 100$ GW/cm^2 und ein Kristallradius von $r = 15$ nm. b) Berechnete Modulation $M = W_{de}^{max}/W_{de}^{min}$ der Daten aus a). c) Relative Auftrittswahrscheinlichkeit der jeweiligen Modulation. Für die orange Kurve sind die Werte aus b) direkt auf ihre Häufigkeit ausgewertet. Die schwarze Kurve berücksichtigt die Orientierungsdichte $1/(4\pi)\sin\phi$.*

te Signale nachzuweisen. Des Weiteren soll die optische Intensität der Pumpwelle an dem Ort des Nanokristalls maximal sein. Um dies zu realisieren, wurde für diese Arbeit ein konfokaler Ansatz mit zwei Mikroskopobjektiven gewählt. Abbildung 3.13 zeigt schematisch den Aufbau. Den Kern des Aufbaus bilden die beiden Mikroskopobjektive: Ein 40-fach vergrößerndes Objektiv mit 0,65 NA, um die Pumpwelle zu fokussieren (Newport M-40x). Und ein 100-fach vergrößerndes Ölimmersions-Objektiv, mit 1,4 NA, um das konvertierte Licht aufzusammeln (Nikon Plan Apo VC 100x H). Die Objektive werden konfokal justiert. In dem gemeinsamen Fokus befindet sich ein mit Nanokristallen präparierter Glasträger. Dieser wird gehalten und positioniert mit Hilfe eines drei-Achsen-Linearverschiebetischs (Newport MM4006 Motion-Controller). Damit wird eine Positioniergenauigkeit von etwa 100 nm erreicht. Die Nanokristalle liegen oben auf dem Glasträger, damit sind sie nicht in dem Mikroskopieröl immersiert.

Die Pumpwelle wird durch einen Pulslaser erzeugt, der linear-polarisierte Lichtpulse mit 1064 nm Wellenlänge und 1,0 ns Pulslänge emittiert. Die Pulsenergie liegt zwischen 0,1 und 10 μJ. Die maximale Repetitionsrate des Lasers ist 2,5 kHz, wobei für die Messungen eine 182 Hz Repetitionsrate genutzt wird; das Strahlprofil ist nahezu gaußförmig. Die Pulsleistung wird durch einen Filter mit variabler optischer Dichte eingestellt, und die Lichtpolarisationsrichtung wird mit Hilfe einer drehbaren Halbwellenplatte variiert. Für den Fall, dass eines der optischen Bauteile selber Frequenzverdopplung zeigen sollte, ist vor dem Fokussierungsobjektiv ein optischer Langpassfilter angebracht, der nur Licht mit Wellenlängen größer als 700 nm transmittiert. Unterhalb des Sammelobjektivs ist ein dichroitischer Spiegel angebracht, der hochtransmittiv für 532-nm-Licht ist, aber Licht mit einer Wellenlänge kürzer als 500 nm reflektiert (Thorlabs DMLP505). Zusammen mit einer CCD-Kamera, einer

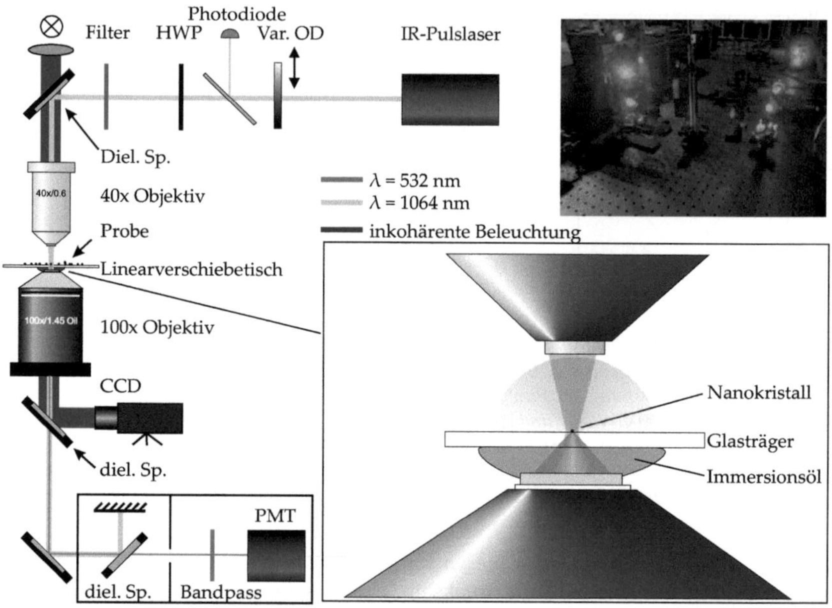

Abbildung 3.13: *Experimenteller Aufbau für die Messung der Erzeugung der zweiten Harmonischen durch die $LiNbO_3$-Nanokristalle. Beschreibung: Siehe Text. Die hier genutzten Abkürzungen: Var. OD - Filter mit variabler optischer Dichte, HWP - Halbwellenplatte, Diel. SP. - dielektrischer Spiegel, PMT - Photoelektronenvervielfacher.*

Kaltlichtlampe und einem Kollimator oberhalb der Fokussierungsoptik ist gleichzeitig eine Hellfeld-Transmissionsmikroskopie der Nanokristall-Proben möglich. Das Pumplicht wird von der Oberwelle mit Hilfe eines dielektrischen Spiegels und eines optischen Bandpasses (Thorlabs FL532-10) getrennt. Der Spiegel ist hochreflektiv für die Pumpwelle und hochtransmittiv für die Oberwelle. Die quantitative Detektion des frequenzverdoppelten Lichts findet durch einen Photoelektronenvervielfacher („photomultiplier tube", PMT) Hamamatsu H10722-110 statt. Die gesamte Optik unterhalb der CCD-Kamera befindet sich in einem lichtdichten Gehäuse, was die Dunkelzählrate des PMT senkt. Zusätzlich wird mit Hilfe des Pumplichts, welches durch die Photodiode bei dem Pumplaser detektiert wird, die Messung des PMT elektronisch ausgelöst: Es wird somit eine Koinzidenzmessung durchgeführt, mit einem Zeitfenster der Detektion von 50 µs.

Mit Hilfe der digitalen Auslösung der Messung kann das Signal für eine beliebige Anzahl der Pumppulse gemittelt werden. In der Praxis bedeutet dies, dass für mindestens sechzehntausend Pumppulse gemittelt wird wenn die detektierte Pulsenergie jeweils mehr als 50 aJ beträgt. Je geringer die detektierte Pulsenergie wird, desto länger wird gemittelt, bis hin zu eine Million Pumppulse bei weniger als

0,01 aJ pro Puls. Die Zahl der Mittelungen wird so bestimmt, dass bei hintereinander folgenden Mehrfachmessungen die Abweichung der Messungen untereinander weniger als 10% beträgt.

3.2.1 Pumpwellen-Parameter

Es ist wichtig, die genaue Pumpwellenintensität zu kennen, da sie quadratisch in die erzeugte Oberwellenleistung eingeht, wie aus Gl. 3.19 ersichtlich ist. Um sie zu bestimmen, benötigt man die Pumpleistung und den Strahldurchmesser an dem Ort der Probe. Über die angebrachte Photodiode und einige Transmissivitäten, zusammengefasst in Tab. 3.1, ist die pumpseitige Leistung während der Messungen bestimmbar. Die sonst übliche Strahldurchmesserermittlung, mit Hilfe der so genannten „Rasierklingenmethode" wäre hier, durch die sehr geringen Arbeitsabstände der Mikroskopobjektive, mit einer möglichen Beschädigung oder Dejustage der Optik verbunden. Deshalb wurde ein anderer, etwas indirekterer Ansatz gewählt:

Die Hellfeldmikroskopie bei gleichzeitiger Einstrahlung des Pumplichtes ermöglicht es, jederzeit ein Abbild des Pumplichtes in der Fokusebene zu machen, Abb. 3.14a und 3.14b zeigt dies. Dieses Abbild ergibt sich aus der Faltung des Strahlprofils und der Punktantwortfunktion der Abbildungsoptik. Das Strahlprofil ist nahezu gaußförmig, die Punktantwortfunktion einer Mikroskopoptik ist eine 2-dimensionale sinus-cardinalis-Funktion, die aber durch eine Gaußkurve angenähert werden kann. Berücksichtigt man dies, so kann man ausnutzen, dass die Faltung zweier Gaußfunktionen wiederum eine Gaußfunktion erzeugt. Die Breite der neuen Gaußfunktion ergibt sich aus der Addition der beiden Breiten der gefalteten Kurven. Daher wird eine Intensitäts-Linienrasterung des Abbildes des Strahls aufgenommen, an die eine Gaußkurve angepasst wird. Die Breite des leeren Fokus ergibt sich aus der Anpassung zu $w_{\text{fal}} = 1{,}8$ µm. Danach wird ein Nanopartikel in die Mitte des Fokus gebracht und auch hier eine Linienrasterung des Abbildes aufgezeichnet. Das Partikel ist als dunkler Punkt in dem Abbild des Fokus erkennbar. Abbildung 3.14c zeigt die Ergebnisse.

Die Differenz der beiden Rasterungen entspricht der Abbildung des Nanopartikels mit der Pumpwellenlänge. Mit einem realen Durchmesser kleiner als $\lambda/20$ kann die Abbildung des Partikels als Punktantwort der Abbildungsoptik verstanden werden. Eine Anpassung an die Differenz der Daten ergibt eine Breite der Punktantwortfunktion von $w_{\text{paf}} = 0{,}8$ µm. Das bedeutet, dass die reale Strahltaille des Pumplichtes eine Breite von $w_0 = 1{,}0$ µm besitzt. Diese Werte passen recht gut zu den erwarteten Daten, berechnet aus den Strahl- und Objektivparametern mit $w_0^{\text{theo}} = 1{,}0$ µm, $w_{\text{paf}}^{\text{theo}} \approx 0{,}5$ µm und $w_{\text{fal,}}^{\text{theo}} = 1{,}5$ µm. Mit dieser Strahltaille und der variablen Pumppulsenergie, bis maximal 10 µJ, ist es möglich, eine Pumplichtintensität einzustellen, bis zu einer maximalen Intensität von etwa 600 GW/cm^2. In der Praxis wird das Glassubstrat allerdings bei etwa 300 GW/cm^2 perforiert und die Nanokristalle wurden bei 100 - 200 GW/cm^2 zerstört, so dass als übliche Pumpintensität 80 GW/cm^2

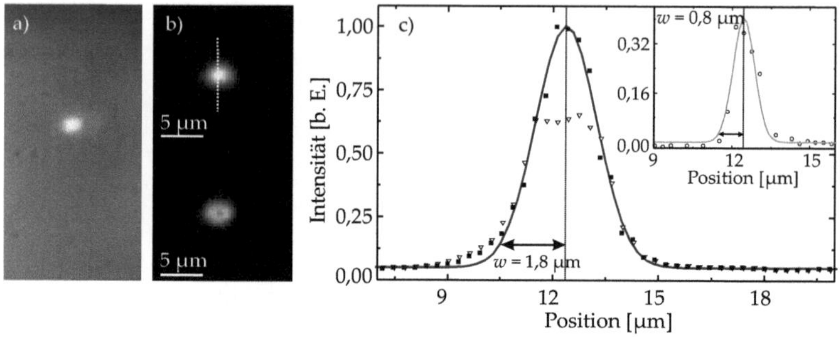

Abbildung 3.14: *a) Abbild des Pumplichtfokus bei gleichzeitiger Hellfeld-Lichtmikroskopie einer Nanokristallprobe. b) Oben: Abbild des Pumplichtfokus' ohne Partikel. Unten: Abbild des Pumplichtfokus mit Nanopartikel im Fokus. Die gestrichelte weiße Linie gibt die Position und Richtung einer Linienrasterung an. c) Linienrasterung über das Abbild des Pumplichtfokus'. Die Quadrate entsprechen der Rasterung ohne Partikel, die Dreiecke einer Rasterung mit Partikel. Anpassung einer Gaußkurve an die Daten ergibt ein* $w_{\mathrm{fal}} = 1{,}8$ *µm. Das eingefügte Bild zeigt die Differenz der Rasterungen. Eine Anpassung ergibt hier eine* $w_{\mathrm{paf}} = 0{,}8$*-µm-Breite.*

gewählt wurde. Die Pumpleistung im Fokus wurde außerdem auf eine mögliche Polarisationsabhängigkeit untersucht. Die Variation beträgt etwa 2%, ist also vernachlässigbar bei den polarisationsabhängigen Messungen der Frequenzverdopplung.

3.2.2 Nachweis der Oberwelle und Untergrundbestimmung

Die Verstärkung und das Signal des Photoelektronenvervielfachers werden über Einzelphotonendetektion kalibriert. Dazu wird ein $LiNbO_3$-Volumenkristall in den Pumpstrahl gebracht und dann die Lichtleistung der zweiten Harmonischen mit Hilfe von Filtern soweit gesenkt, dass die Quantisierung des Lichts in den Einzelpulssignalen des PMT sichtbar wird. Über eine statistische Auswertung der Einzelpulssignale konnte so die Signalhöhe mit der deponierten Lichtenergie korreliert werden. Mit Hilfe der bekannten Quanteneffizienz des PMTs und der Trans-

	Optisches Bauteil	Leistungsreduktions-Faktor	
Pump-Seite für 1064 nm	×40 Objektiv	0,77	
	Kantenfilter	0,95	
Detektions-Seite für 532 nm	× 100 Objektiv	0,88	
	Sammeleffizienz f_{de}	0,81	(siehe Kap. 3.1.4)
	Filter	0,78	
	PMT Quanteneffizienz	0,35	

Tabelle 3.1: *Transmissivitäten und Nachweiseffizienzen der benutzten optischen Bauteile*

missivität der Sammeloptik lässt sich daraus die gemittelte abgestrahlte Pulsenergie $\bar{U}_{pu} = W_{de}\, t_p / f_{de}$ bestimmen. Der zweite Teil von Tab. 3.1 fasst die relevanten Koeffizienten zusammen.

Die Dunkelzählrate des PMTs betrug mit der digitalen Auslösung der Messung etwa 1 Photon pro 5000 Pumppulse. Ein leeres Glassubstrat erzeugte ein polarisationsunabhängiges Signal mit einer gemittelten Pulsenergie von 0,004 aJ/Puls bei 80 GW/cm^2 Pumpintensität. Dieser Untergrund skaliert quadratisch mit der Pumpleistung und wird höher, wenn das Substrat leicht zum Strahl verkippt wird. Damit ist der Untergrund auf eine Frequenzverdopplung an der Oberfläche des Glassubstrats zurückzuführen. Der Untergrund wurde regelmäßig nachgeprüft und in allen Messungen durch Subtraktion von den Messwerten berücksichtigt.

3.2.3 Kristallselektion und Detektionsgrenzen

Durch die gleichzeitige Hellfeld-Mikroskopie sind die Partikel in dem Pumplichtfokus als dunkle Punkte sichtbar, die bis auf 100 nm genau in der Mitte positioniert werden können, wie in Abb. 3.14b gezeigt. Große Kristallagglomerate, mit hunderten Einzelkristallen, können direkt erkannt und vermieden werden. Da das Licht der inkohärenten Beleuchtung etwa 450 nm Wellenlänge hat, hat der Aufbau eine Auflösungsgrenze von etwa 300 nm. Eine Selektion der Einzelkristalle, im Gegensatz zu kleinen Agglomeraten, ist dagegen nicht so leicht. Mit Hilfe der Lichtmikroskopie ist es nicht möglich, eineindeutig zu unterscheiden, ob ein Punktobjekt aus einem, zwei oder z. B. fünf Kristallen besteht, da in allen Fällen das Agglomerat kleiner als die optische Auflösung ist. Bei kleinen Agglomeraten zeigt die Beleuchtung mit dem kohärenten Pumplicht eine nicht-punktsymmetrische Struktur des Streumusters, so können mittelgroße Agglomerate aussortiert werden. Für die kleinsten Agglomerate, bestehend aus zwei oder drei Kristallen, verbleibt nur noch die Möglichkeit, die polarisationsabhängige Frequenzkonversion zu bewerten. Lägen z. B. zwei Nanokristalle neben- oder hintereinander, so würden sich die polarisationsabhängigen Konversionsantworten beider Kristalle überlagern. Liegen die c-Achsen der Kristalle nicht parallel, interferieren ihre SH-Wellen so, dass die Modulation zwischen minimaler und maximaler Konversionsantwort eingeschränkt wird. Um sicher vereinzelte Kristalle zu untersuchen, wurde daher festgelegt, dass Messungen nur dann berücksichtigt werden, wenn die Polarisationsmodulation mindestens 50% aufweist. Damit werden u. U. auch einige wenige Einzelkristalle aussortiert, aber nur wenige Kleinstagglomerate in die Auswertung mit einbezogen. Diese festgelegte Grenze ist an sich willkürlich, Simulationen zeigen jedoch, dass dieser Grenzwert geeignet ist.

Die Detektionsgrenze dieses Aufbaus liegt bei SH-Signalen kleiner als 0,005 aJ pro Puls. Es werden immer höhere Mittelungen und damit Bestrahlzeiten notwendig, je kleiner das Signal wird. Liegt das SH-Signal nur wenig über dem Untergrundsignal, so muss über so viele Pulse gemittelt werden, dass Formierung eines Messwertes mehr als eine Stunde benötigen kann. Während dieser Zeit ist es notwendig, dass der Linearverschiebetisch nicht z. B. durch thermische Ausdehnung driftet. Es zeigte sich, dass dies bei Messungen über Stunden hinweg nicht gewährleistet werden konnte. Bewegt sich der Kristall während der Messung aus dem Zentrum des Fokus heraus, so wird zwar am Anfang der Messung das SH-Signal des Kristalls, gegen Ende allerdings nur noch das Hintergrundsignal aufgezeichnet. Gemittelt ergibt sich ein falscher Messwert, dessen Fehlerhaftigkeit nur schwer zu überprüfen ist. Um das zu vermeiden, wurde eine Grenze der detektierten Oberwellenleistung definiert: Das Signal des Kristalls muss mindestens in der Größenordnung des Untergrundes liegen. Damit ist das minimale Signal-zu-Rausch-Verhältnis 1 und die maximale Messzeit wird begrenzt.

3.3 Experimentelle Ergebnisse

Zunächst soll geklärt werden, wie die Einzelkristalle in den Fokus des Pumplichts gebracht werden und ob die durch Streuung in der Lichtmikroskopie erkannten Objekte tatsächlich Kristallen entsprechen oder ob Einzelkristalle so klein sind, dass sie keine signifikanten mikroskopischen Abbilder erzeugen.

Es wird eine lichtmikroskopische Abbildung eines Bereichs einer Probe aufgenommen, und genau dieser Bereich ortsaufgelöst auf seine Frequenzkonversion untersucht. Dazu wird ein 10×10 µm^2-Bereich der Probe in 0,3 µm-Schritten mit Hilfe der computergesteuerten Linearverschiebetische abgerastert und an jedem Punkt die detektierte Pulsenergie des frequenzverdoppelten Lichts aufgezeichnet. Abbildung 3.15 zeigt die Überblendung einer typischen Probe zur Illustration. Der Kontrast des lichtmikroskopischen Abbilds wurde so weit erhöht, dass nur Streuobjekte sichtbar sind. Es zeigt sich etwa ein Streuzentrum pro 10 µm^2, eingestellt durch die Präparation. Die Streuzentren korrelieren gut mit den Maxima in der Konversionseffizienz. Das bedeutet, dass die Lichtmikroskopie ein gutes Mittel ist, um Kristalle auszuwählen, und sie direkt im Strahl zu platzieren. Dass die SH-Maxima so ausgedehnt sind, ist nicht auf die Größe der Kristalle zurückzuführen, sondern ergibt sich dadurch, dass sich das gerasterte Bild aus der Faltung der Kristallplatzierungen und des Strahlprofils zusammensetzt. Das lichtmikroskopische Bild hat eine leichte Kissenverzerrung, da die Abbildung hier eine Projektion der Probe auf die gekrümmte Fokusfläche darstellt, diese behindert aber nicht die Kristallselektion.

Wird ein Einzelobjekt in den Fokus genommen und polarisationsabhängig untersucht, so klärt sich aus den Anforderungen aus Kap. 3.2.3, ob es sich um Einzelkristalle handelt. Erfüllt es die Anforderungen, wird es in die Statistik aufgenommen. Von ausgewählten Einzelkristallen wurden die pumpleistungsabhängigen Konversionsantworten gemessen. Abbildung 3.16 zeigt solch eine Pumpleistungsabhängigkeit eines Einzelkristalls der AG Charge in doppelt-logarithmischer Auftragung bei einer Pumpintensität zwischen 30 und 170 GW/cm^2. Dieser Kristall wurde bei 200 GW/cm^2 zerstört. Die Lichtpolarisation wurde so gedreht, dass die minimale Konversion stattfindet. Damit ist es möglich, in Abb. 3.16 auch eine Modellkurve mit $d_\mathrm{m} = 5{,}6$ pm/V einzuzeichnen. Es wurde $r = 28$ nm angenommen. Die Überein-

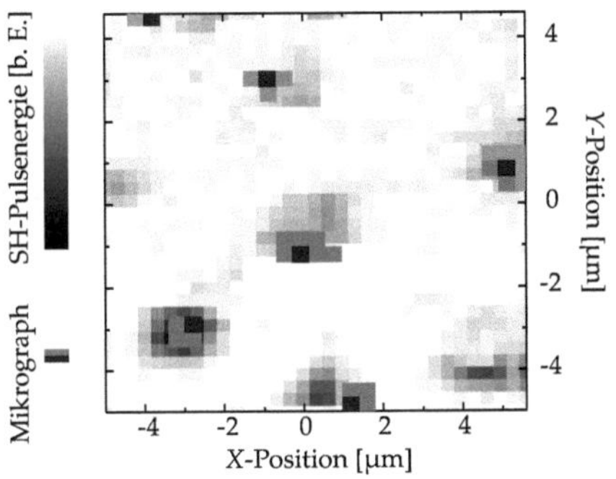

Abbildung 3.15: *Überblendung des lichtmikroskopischen Transmissionsbildes einer typischen Probe in Orange-Tönen und der gerasterten SH-Antwort der Probe in Graustufen. Der Kontrast des mikroskopischen Bildes wurde verstärkt, so dass nur Streuzentren erkennbar sind. Die Ausdehnung der Bereiche, in denen SH-Licht nachweisbar war, ergibt sich aus der Faltung der Ausdehnung des Strahls und des jeweiligen Partikels.*

stimmung der Daten mit der Modellkurve ist gut. Die Daten aller so untersuchten Kristalle zeigen die erwartete quadratische Abhängigkeit von der Pumpintensität.

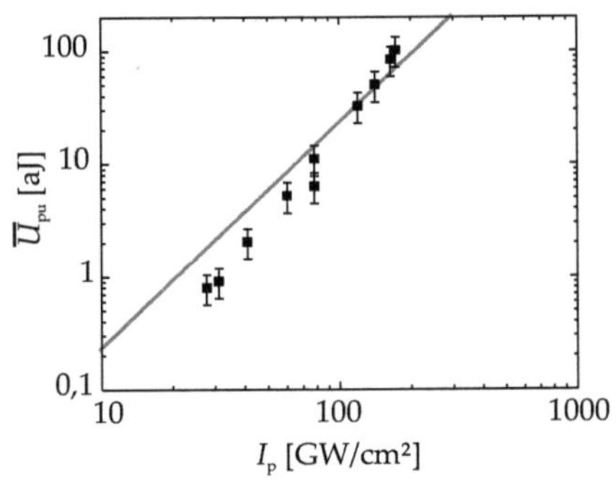

Abbildung 3.16: *Mittlere abgestrahlte SH-Pulsenergie $\bar{U}_{pu}$ eines Nanokristalls der Charge AG, aufgetragen gegen die Pumpintensität I_p. Die Lichtpolarisation wurde so gedreht, dass die minimale Konversion dieses Kristalls nachgewiesen wurde. Die Linie zeigt den modellierten Verlauf $\propto I_p^2$ mit $d_m = 5{,}6$ pm/V und $r = 28$ nm.*

Da in der Literatur Hinweise existieren, dass die Frequenzkonversion nichtlinearer Nanokristalle durch Beleuchtung mit intensivem Laserlicht über die Zeit degradieren kann [70], wird die Langzeitstabilität der Nanokristalle untersucht. Die in der Literatur beobachtete Degradation der Kristalle mit einem Durchmesser um 100 nm führte bei Bestrahlung durch ps-Pulse innerhalb von 5 min zum vollständigen Verlust des Signals. Indem in unserem Aufbau die SH-Antwort jeweils über eine Sekunde gemittelt wird, kann sie über einen längeren Zeitraum verfolgt werden. Exemplarische Langzeitmessungen von Einzelkristallen der Chargen AG und M30 finden sich in Abb. 3.17. Es sind die erzeugten SH-Pulsenergien und Pumpintensitäten aufgetragen, sowie die laufenden Mittelwerte der Kurven. Das hohe Rauschen der Messdaten ergibt sich aus der an sich zu kurzen Mittlungsdauer. Die Pumpintensität bleibt konstant während der Messung bei $(80 \pm 0{,}5)$ GW/cm^2, während die SH-Antwort langsame Schwankungen von 20% durchführt mit etwa 40 min Schwankungsdauer. Eine Zerstörung der Kristalle oder massive Abnahme der Konversion sind bei diesen Pumpintensitäten aber nicht zu erkennen.

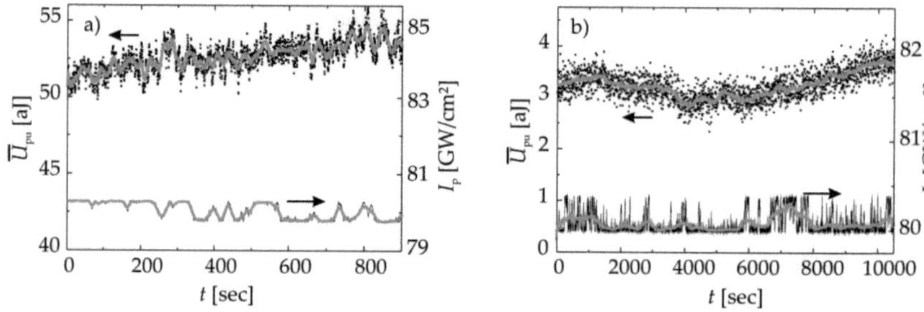

Abbildung 3.17: *Messungen zur Langzeitstabilität der Nanokristalle. Die abgestrahlte SH-Pulsenergie $\bar{U}_{pu}$, gemittelt über eine Sekunde, ist jeweils oben dargestellt, die Pumpintensität I_p unten. Die grauen Linien ergeben sich jeweils aus dem gleitenden Durchschnitt der Messpunkte. a) Ein Kristall der Charge AG. b) Ein Kristall der Charge M30.*

Nun soll die Polarisationsabhängigkeit der SH-Erzeugung näher untersucht werden. Dazu werden Einzelkristalle in den Fokus gebracht, und die Lichtpolarisation wird in 10°- oder 20°-Schritten um mindestens 180° gedreht. Damit ist sichergestellt, dass in jedem Fall ein Minimum der Konversion und ein Maximum der Konversion in dem Messbereich liegt. Das Minimum und das Maximum werden dabei genauer untersucht, indem nach der groben Bestimmung der Orientierung dort weitere Messpunkte gesetzt werden. Die Pumpintensität beträgt bei all diesen Messungen $I_\mathrm{p} = 80\,\mathrm{GW/cm^2}$. Die polarisationsabhängigen Polardiagramme dreier Kristalle sind in Abb. 3.18 zu finden. Dabei handelt es sich um einen Kristall der Charge M10 und zwei Kristalle der Charge M30. Diese drei Kristalle zeigen verschiedene Formen der polarisationsabhängigen Antwort der Kristalle, ähnlich derer aus Abb. 3.4. Die SH-Antwort in Abb. 3.18a zeigt eine starke Variation zwischen der Minimalkonversion, hier mit $\bar{U}_\mathrm{pu}^\mathrm{min} = 3{,}4$ aJ pro Puls, und dem Maximum, hier mit $\bar{U}_\mathrm{pu}^\mathrm{max} = 31$ aJ pro Puls. Wird die Modulation über die Pulsenergie definiert, $M = \bar{U}_\mathrm{pu}^\mathrm{max}/\bar{U}_\mathrm{pu}^\mathrm{min}$, so ergibt sich $M = 9{,}1$. In Abb. 3.18b ist die SH-Antwort eines Kristalls der Charge M30 gezeigt, mit $\bar{U}_\mathrm{pu}^\mathrm{min} = 0{,}15$ aJ pro Puls und $\bar{U}_\mathrm{pu}^\mathrm{max} = 0{,}9$ aJ pro Puls. Die Modulation ist hier $M = 6$. Abbildung 3.18c zeigt ebenfalls die SH-Antwort eines Kristalls der Charge M30. Hier ergibt sich $\bar{U}_\mathrm{pu}^\mathrm{min} = 3{,}7$ aJ pro Puls und $\bar{U}_\mathrm{pu}^\mathrm{max} = 8{,}2$ aJ pro Puls. Erstaunlich ist, dass es nicht zwei sondern vier Maxima zu geben scheint, mit einer kleinen „Beule“ zwischen jeweils zwei der Minima. Die Modulation beträgt hier $M = 2{,}2$.

Die Bestimmung der minimalen und maximalen SH-Antwort eines Nanokristalls wird an mindestens 15 Einzelkristallen einer Charge, für alle M-Chargen und die Referenz durchgeführt. So können die mittleren minimalen und maximalen SH-Pulsenergien, bei der konstanten Pumpintensität $I_\mathrm{p} = 80\,\mathrm{GW/cm^2}$, jeweils innerhalb einer Charge gemittelt werden. Zusammen mit der mittleren Kristallgröße innerhalb einer Charge kann so die Größenabhängigkeit der SH-Pulsenergien bestimmt werden. Darüber hinaus lassen sich daraus, gemäß Gl. 3.19, die mittleren effektiven nichtlinearen Koeffizienten $d_\mathrm{m}^\mathrm{min}$ und $d_\mathrm{m}^\mathrm{max}$ innerhalb einer Charge errechnen.

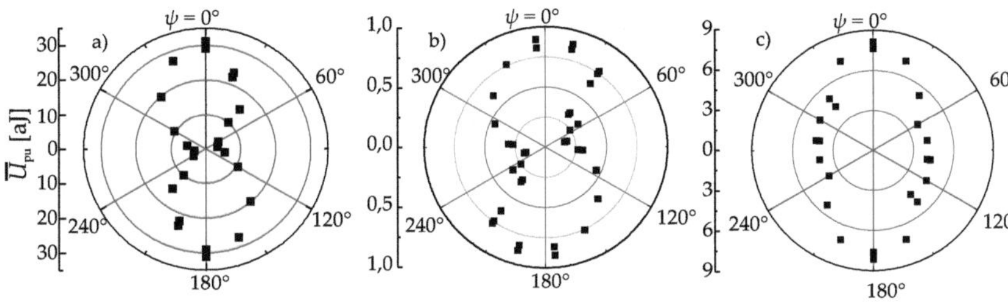

Abbildung 3.18: *Mittlere polarisationsabhängige SH-Pulsenergie $\bar{U}_{pu}(\psi)$ verschiedener Kristalle bei I_p = 80 GW/cm²: a) Ein Kristall der Charge M10. b) Ein Kristall der Charge M30. c) Ein Kristall der Charge M30.*

Abbildung 3.19a zeigt die Ergebnisse der minimalen und maximalen SH-Antwort in Abhängigkeit von der mittleren Kristallgröße. Ebenfalls dargestellt ist auch die Vorhersage gemäß Gl. 3.19, $d_{\mathrm{m}}^{\mathrm{min}} = 5{,}6$ pm/V und $d_{\mathrm{m,\,ave}}^{\mathrm{max}} = 12{,}9$ pm/V. Es wurde keine Anpassung durchgeführt. Die berechneten $d_{\mathrm{m}}^{\mathrm{min}}$ und $d_{\mathrm{m}}^{\mathrm{max}}$ sind in Abb. 3.19b dargestellt. Mittelt man diese berechneten Koeffizienten über alle Chargen, so erhält man $d_{\mathrm{m}}^{\mathrm{min}} = (4{,}5 \pm 1{,}3)$ pm/V und $d_{\mathrm{m,\,ave}}^{\mathrm{max}} = (11 \pm 7)$ pm/V.

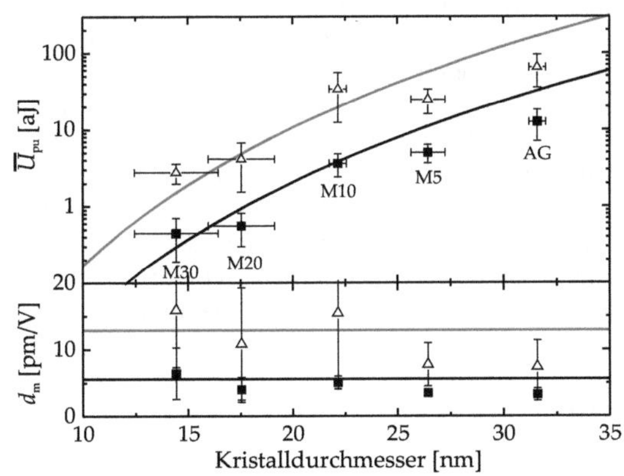

Abbildung 3.19: *a) Kristallgrößenabhängige mittlere SH-Pulsenergie $\bar{U}_{pu}$ in halb-logarithmischer Darstellung. Die Minimumswerte (Quadrate) und Maximumswerte (Dreiecke) der polarisationsabhängigen Messungen sind hier dargestellt. Die graue Linie ergibt sich aus dem Modell, mit I_p = 80 GW/cm² Pumpintensität und d_{m} = 12,9 pm/V, für die schwarze Linie wurde d_{m} = 5,6 pm/V angenommen. b) Berechnete d_{m} aufgetragen gegen die mittlere Kristallgröße; die Markierungen sind die gleichen wie in a).*

Abbildung 3.20 zeigt die relative Häufigkeiten der Modulationen aller untersuchten Kristalle. Durch die verwendete Selektion der Partikel gibt es keine Modulation kleiner als 2. Zu erkennen ist, dass anscheinend ein Maximum der relativen Häufigkeiten bei Modulationen kleiner als 10 existiert. Gleichzeitig wurden keine Kristalle gefunden, die eine Modulation größer als 23 aufweisen. Der Rückgang ist erst graduell und bei $M = 23$ verschwindet die Häufigkeit abrupt.

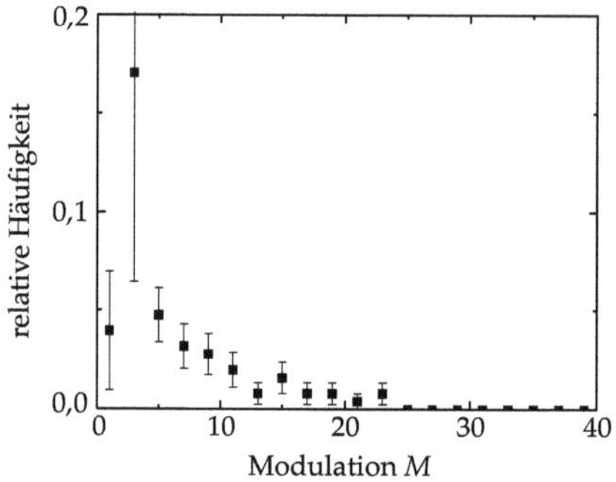

Abbildung 3.20: *Relative Häufigkeit der polarisationsabhängigen Modulation M aller untersuchten Kristalle als Histogramm dargestellt. Die Klassen-Größe beträgt 2 und die kumulierte Häufigkeit ist auf 1 normiert.*

Da die Übereinstimmung der gemessenen und vorhergesagten Größenabhängigkeit der SH-Antwort gut ist, wurden die individuellen Antworten der Charge M30 detaillierter untersucht. Diese Charge ist besonders interessant für die Suche nach einer möglichen kritischen Kristallgröße, die zum Erhalt der Inversionssymmetrie und der nichtlinear-optischen Konversion nötig ist. Die Charge weist die kleinsten Kristalle auf: 40% aller Kristalle sind kleiner als 11 nm (siehe Abb. 2.12). Um die Qualität der statistischen Auswertung zu erhöhen, wurden 51 Einzelkristalle dieser Charge untersucht. Die gemessenen SH-Pulsenergien sind, wie man erwarten kann, sehr niedrig. Die meisten nachgewiesenen SH-Antworten der Kristalle liegen nah an der unteren Schwelle der Detektion. Mehr als 50% der Kristalle erzeugen weniger als $0{,}2$ aJ pro Puls bei minimaler bzw. weniger als $1{,}0$ aJ pro Puls bei maximaler Konversion. Bei der maximalen Konversion ist ein Hochpunkt in der Häufigkeit auszumachen, bei ca. $0{,}5$ aJ. Einige wenige Kristalle erzeugen höhere SH-Antworten mit bis zu $1{,}5$ aJ pro Puls bei minimaler bzw. bis zu 8 aJ pro Puls bei maximaler Konversion.

3.4 Diskussion

In dieser Arbeit wird die Erzeugung der zweiten Harmonischen durch nichtlinear-optische Prozesse in Nanokristallen durch ein Modell beschrieben, welches auf einfachen Annahmen beruht: Die Lithiumniobat-Nanokristalle werden als Punktdipolantennen behandelt, deren nichtlineare Polarisierung bestimmt wird durch die relevanten Tensorkoeffizienten von Volumenkristallen. So modelliert, zeigen sich zwei markante Punkte in den pumppolarisationsabhängigen SH-Antworten der Nanokristalle. Die minimale Konversion wird, wenn man die Koeffizienten der Volumenkristalle zugrunde legt, bestimmt durch $d_{\mathrm{m}}^{\mathrm{min}} = 5{,}6$ pm/V und die maximale Konversion, solange das Maximum einer genügenden Anzahl der Kristalle gemittelt wird, mit $d_{\mathrm{m,ave}}^{\mathrm{max}} = 12{,}9$ pm/V. Die gemessenen Werte stimmen bei mittleren Kristallgrößen zwischen 13 und 28 nm gut mit den Erwartungen des Modells überein,

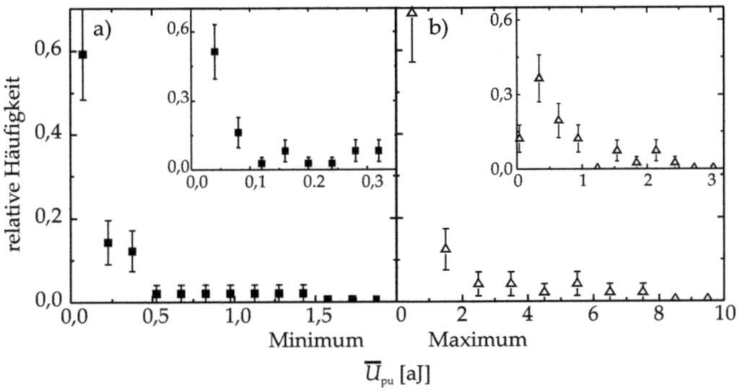

Abbildung 3.21: *Relative Häufigkeiten der SH-Pulsenergie $\bar{U}_{pu}$ in der M30-Charge, jede Kurve ist für sich auf eine kumulierte Häufigkeit von 1 normiert: a) Bei minimaler Konversion mit einer Klassen-Größe von 0,15 aJ. Das eingefügte Bild zeigt den Bereich bis 0,3 aJ mit einer Klassen-Größe von 0,04 aJ. b) Bei maximaler Konversion mit einer Klassen-Größe von 1 aJ. Das eingefügte Bild zeigt den Bereich bis 3 aJ mit einer Klassen-Größe von 0,3 aJ.*

mit $d_{\mathrm{m}}^{\mathrm{min}} = (4{,}5 \pm 1{,}3)$ pm/V und $d_{\mathrm{m,\,ave}}^{\mathrm{max}} = (11 \pm 7)$ pm/V. Das bedeutet, dass im Rahmen der Messgenauigkeit die nichtlinearen Koeffizienten der untersuchten Lithiumniobat-Nanokristalle die gleichen sind, wie sie in Volumenkristallen zu finden sind; es scheinen keine Größeneffekte aufzutreten, die nicht aus einer Größenskalierung eines Volumenkristalls zu erwarten wären.

3.4.1 Langzeitstabilität

Die Langzeitmessungen zeigen, wie in Abb. 3.17 dargestellt, keinen systematischen Rückgang der SH-Pulsenergie der Nanokristalle. Es zeigt sich allerdings eine langsame Variation der SH-Pulsenergie, mit einer Periodendauer von etwa 40 min. Dies entspricht ungefähr der Regelungszeit der Raumtemperatur. Ob eine thermische Drift des Kristalls eine realistische Erklärung dieser Leistungsschwankung ist, lässt sich prüfen:

Aus Kap. 3.2.1 ist bekannt, dass der Pumpstrahl im Fokus eine gaußförmige Intensitätsverteilung der Breite $w_0 = 1$ µm besitzt. Zudem ist aus Abb. 3.16 klar, dass die erzeugte SH-Pulsenergie wie erwartet quadratisch von der Pumpintensität abhängt. Also kann eine 20%ige Schwankung der SH-Pulsenergie durch eine Bewegung des Nanokristalls erklärt werden, bei der das Quadrat der Pumpintensität auf 80% des Maximums abfällt. Dies ist schematisch in Abb. 3.22 dargestellt. Die 80% des Maximums sind durch eine schwarze Linie gekennzeichnet, innerhalb derer das Partikel bleiben muss. Es ergibt sich daraus eine maximale Driftweite von 240 nm. Der Glasträger ist mit Hilfe eines 10 cm langen Aluminiumarms an den Verschiebemotoren befestigt. Eine Längenänderung dieses Aluminiumteils kann durch die Elektronik nicht ausgeregelt werden. Mit der thermischen Ausdehnung von Aluminium

$dL/dT = 23 \times 10^{-6}\,°C^{-1}$ [71] entspricht die errechnete Maximalbewegung einer Temperaturänderung des Arms um 0,12 °C. Die Regelungsgenauigkeit der Raumtemperatur liegt etwa bei 0,1 °C; die Schwankung der SH-Messwerte ist daher tatsächlich wahrscheinlich auf eine thermische Drift der Probenhalterung zurückzuführen.

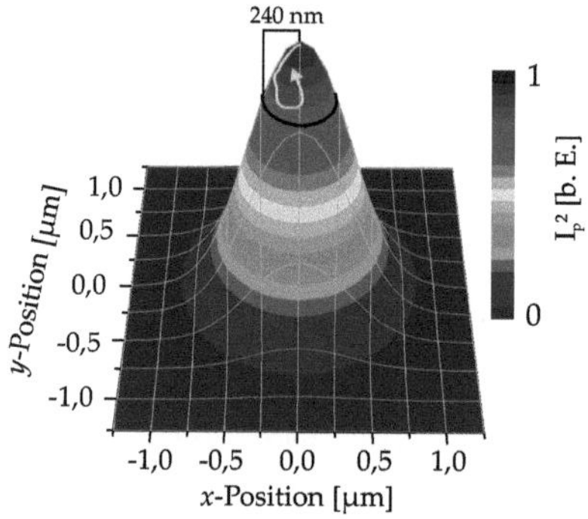

Abbildung 3.22: *Darstellung des Quadrats der Pumpintensität in der Fokusebene. Die schwarze Linie markiert die Grenze, bei der das Quadrat der Pumpintensität auf 80% des Maximalwerts abgesunken ist. Eine langsame Bewegung des Nanokristalls innerhalb dieses Bereichs erklärt die beobachte langsame SH-Leistungsdrift. Der graue Pfeil zeigt beispielhaft eine mögliche Bewegung des Kristalls in der Intensitätsverteilung.*

3.4.2 Polarisationsabhängigkeit

Die meisten untersuchten Kristalle weisen eine Pumplicht-Polarisationsabhängigkeit auf, wie sie in Abb. 3.18a zu finden ist. Diese „Sanduhr-Form" ist auf die *c*-Achse des Kristalls zurückzuführen, die die Kristalleigenschaften sehr stark prägt. Eine Anpassung mit Hilfe des in Kap. 3.1 entwickelten Modells ist in Abb. 3.23a dargestellt. Abbildung 3.24a zeigt die dazugehörige schematische Darstellung der Kristalllage. Die Anpassung ergibt eine Kristallausrichtung mit $\phi = 47° \pm 3°$. Der zweite Winkel ϑ kann hier nicht bestimmt werden, da $\phi < 50°$ ist.

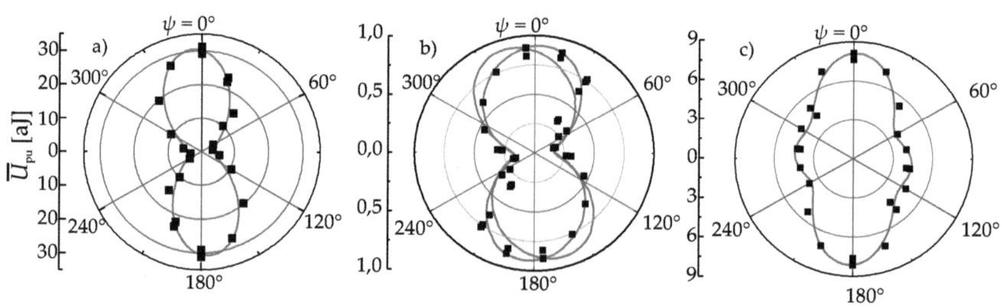

Abbildung 3.23: *Mittlere polarisationsabhängige SH-Pulsenergie $\bar{U}_{pu}$ verschiedener Kristalle bei $I = 80$ GW/cm² Pumpintensität, die jeweiligen Anpassungskurven sind orange dargestellt: a) Ein Kristall der Charge M10. Die Anpassung ergibt $\phi = 47° \pm 3°$, ϑ kann nicht bestimmt werden. b) Ein Kristall der Charge M30. Die Anpassung ergibt $\vartheta = 40° \pm 10°$ und $\phi = 55° \pm 5°$. Die hellblaue Kurve zeigt die achsgespiegelte Anpassungskurve. c) Ein Kristall der Charge M30. Die Anpassung ergibt $\vartheta = 65° \pm 5°$ und $\phi = 75° \pm 10°$.*

Eine Anpassung an die Daten aus Abb. 3.18b, dargestellt in Abb. 3.23b, ergibt $\vartheta = 40° \pm 10°$ und $\phi = 55° \pm 5°$. Die c-Achse des Kristalls steht etwas steiler auf dem Substrat, als bei dem vorigen Kristall, dargestellt in Abb. 3.24b. Das Polardiagramm zeigt eine leichte Brechung der Achsensymmetrie im SH-Signal, erkennbar daran, dass die achsgespiegelte Anpassungskurve signifikant von den Daten abweicht. Abbildung 3.23c zeigt eine Anpassung an die Daten aus Abb. 3.18c. Sie ergibt hier $\vartheta = 65° \pm 5°$ und $\phi = 75° \pm 10°$. Die c-Achse steht hier noch steiler auf dem Substrat, und der Zenitwinkel ϕ liegt mitten in dem in Kap. 3.1.5 erwähnten Zenitwinkelbereich, bei dem der Einfluss des dritten Tensorelements klar erkennbar sein sollte. Die Kristalllage ist schematisch in Abb. 3.24c dargestellt. Die „Beule" in der SH-Antwort ist auf den Einfluss genau dieses d_{22}-Tensorelements zurückzuführen. Hier zeigt sich direkt, dass drei Tensorelemente notwendig sind, um die Frequenzverdopplung zu beschreiben. Die SAED-Untersuchungen („selective area electron diffraction") zeigen, dass die Partikel zur trigonalen Lauegruppe $\bar{3}m$ gehören; die nichtlinear-optischen Untersuchungen zeigen darüber hinaus, durch die drei zur Erklärung der Ergebnisse notwendigen Tensorelemente, dass die Partikel zur Punktgruppe $3m$ gehören müssen. Die anderen beiden Punktgruppen können ausgeschlossen werden. Wenn die Kristalle der Punktgruppe $\bar{3}m$ angehören würden, wie sie z. B. in der paraelektrischen Phase des Lithiumniobats vorliegt, würden sie keine optische Nichtlinearität aufweisen. Kristalle der Punktgruppe 32, zeigen zwar Frequenzverdopplung, doch existieren bei ihnen nur zwei unabhängige Tensorelemente. In dem Fall würde man keine „Beule" sehen können.

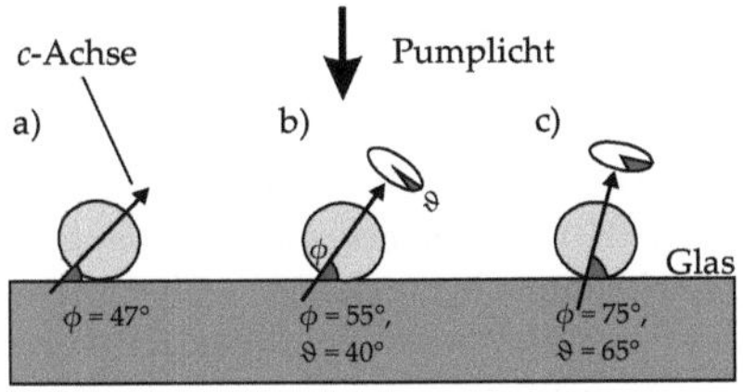

Abbildung 3.24: *Schematische Darstellung der Ausrichtung der in Abb. 3.18 behandelten Kristalle. Die Ausrichtung wurde durch Anpassung an die Messdaten bestimmt.*

3.4.3 Relative Größe der nichtlinearen Koeffizienten

In Kap. 3.1.5 wurde die Modulation als Maß der relativen Größe der nichtlinear-optischen Koeffizienten eingeführt. Das Modell ermöglicht aber auch eine Vorhersage der Auftrittswahrscheinlichkeiten aller Zwischenwerte, wie in Kap. 3.1.5 erläutert. Dafür wird angenommen, dass die Partikel eine rein zufällige Orientierung aufweisen. Wird die entsprechende $\propto \sin\phi$-Orientierungsdichtefunktion berücksichtigt, erhält man die Vorhersage der Häufigkeitsverteilung der Modulationen. In Abb. 3.25 ist diese Vorhersage zusammen mit den Daten aus Abb. 3.20 dargestellt. Die Verläufe stimmen sehr gut überein, und der abrupte Rückgang bei $M = 23$ wird verständlich, da dort der erlaubte Bereich endet. Es gibt keinen Nanokristall, der eine Modulation, außerhalb des von Volumenkristallen erlaubten Bereichs aufweist. Da eine lineare Darstellung den kompletten Bereich nur schlecht wiedergeben kann, zeigt das eingefügte Bild den Bereich um das Maximum in halb-logarithmischer Darstellung. Bei den Modulationen $M > 5$ ist die Übereinstimmung zwischen Modell und Messdaten sehr gut. Die Diskrepanz zwischen den restlichen zwei Messpunkten und der Theoriekurve kann wahrscheinlich auf eine Unterschätzung der Fehler zurückgeführt werden. Die ansonsten aber gute Übereinstimmung zwischen Modell und Messdaten bedeutet, dass die nichtlinearen Koeffizienten der Nanokristalle die gleichen relativen Größen zueinander haben, wie die eines Volumenkristalls.

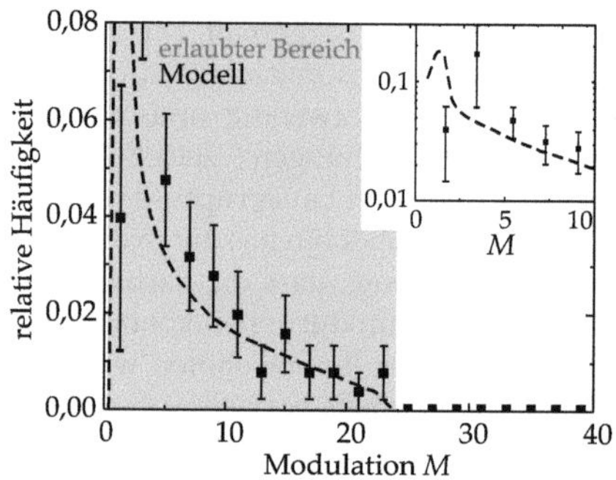

Abbildung 3.25: *Relative Häufigkeit der polarisationsabhängigen Modulation M aller untersuchter Kristalle. Der erlaubte, grau unterlegte, Bereich ergibt sich aus der minimalen Modulation $M = 1$, wenn die c-Achse des Kristalls parallel zum Pumpstrahl steht, und der maximalen Modulation $M \approx 23$ wenn die Achse senkrecht zum Pumpstrahl steht. Zur Berechnung der relativen Häufigkeit der Modulation des Modells wurde eine vollkommen zufällige Ausrichtung angenommen. Die gestrichelte Linie zeigt die Vorhersage. Das eingefügte Bild zeigt den Bereich bis $M = 10$ in halblogarithmischer Darstellung.*

3.4.4 Nichtlineare Konversion unterhalb 10 nm Kristallgröße

In Kap. 3.1 wurde herausgearbeitet, dass die emittierte SH-Leistung von dem Quadrat des Partikelvolumens abhängt, also der sechsten Potenz der Kristallgröße. Umgekehrt stellt die sechste Wurzel der detektierten SH-Leistung also eine Längenskala der Kristallgröße dar. Dies wird zur detaillierten Untersuchung der M30-Charge ausgenutzt. Dazu wird die relative Häufigkeit der sechsten Wurzel der detektierten minimalen und maximalen SH-Pulsenergie $\sqrt[6]{\bar{U}_{\mathrm{pu}}}$ mit Klassen-Größen von jeweils $0{,}09$ und $0{,}25\ \sqrt[6]{\mathrm{aJ}}$ bestimmt. So erhält man eine Häufigkeitsverteilung der SH-Antwort in einer relativen Längenskala. Mit Hilfe der Gl. 3.19 und den effektiven nichtlinearen Koeffizienten, kann diese relative Längenskala in eine absolute Längenskala umgewandelt werden. Dafür werden die vorhergesagten $d_{\mathrm{m}}^{\mathrm{min}} = 5{,}6$ pm/V und $d_{\mathrm{m,\ ave}}^{\mathrm{max}} = 12{,}9$ pm/V genutzt, deren experimentelle Übereinstimmung bereits nachgewiesen wurde. Für alle Chargen existiert aber auch die direkt, über TE-Mikroskopie gemessene, Kristallgrößenverteilung.

Abbildung 3.26 zeigt die über die SH-Antwort und die TE-mikroskopisch bestimmten Verteilungen in absoluten Längenskalen. Die Daten der SH-Antworten sind die gleichen, wie sie in Abb. 3.21 dargestellt wurden. Dabei zeigt Abb. 3.26a die Auswertung für die minimale SH-Antwort der Einzelkristalle, und Abb. 3.26b die Auswertung für die maximale Antwort. Es wurde keine Anpassung zwischen den Daten durchgeführt. Der unterlegte Bereich ist für eine Untersuchung mit Hilfe der SH-Antworten nicht zugänglich, da hier die Substratantwort höher als die Kristallantwort ist. Man erkennt, dass die SH-Antwortverteilungen und die Größenverteilungen direkt korrelieren. Die Maxima liegen bei etwa 7 nm Kristallgröße, und zu größeren Kristallgrößen hin zeigt sich eine abfallende Flanke. Die abfallende Flanke, zu kleinen Kristallgrößen hin, liegt zum Großteil in dem nichtzugänglichen Bereich. In Kristallgrößen ausgedrückt, liegt die Nachweisgrenze bei etwa 4 nm. Das bedeutet, dass eine SH-Antwort der hier untersuchten Nanokristalle bis zu einer Kristallgröße von 5 nm nachgewiesen werden kann. Ob die Frequenzkonversion bei noch kleineren Kristallen, z. B. zwischen 3 und 5 nm, stattfindet, kann durch diesen Aufbau nicht bestimmt werden.

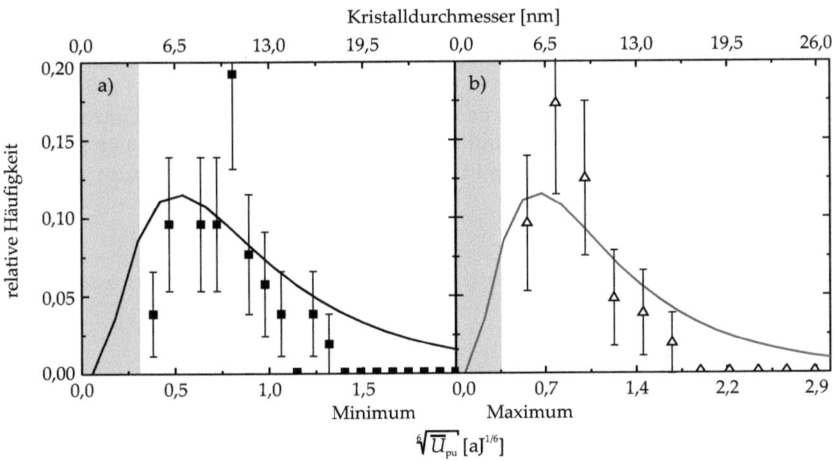

Abbildung 3.26: *Relative Häufigkeit der sechsten Wurzel der SH-Pulsenergie $\sqrt[6]{\bar{U}_{pu}}$ in der M30-Charge: a) Bei minimaler Konversion. Die orange Linie ergibt sich aus der TEM-bestimmten Größenverteilung und $d_{\mathrm{m}}^{\mathrm{min}} = 5{,}6$ pm/V. b) Bei maximaler Konversion. Die blaue Linie ergibt sich wieder aus der gemessenen Größenverteilung und $d_{\mathrm{m,\,ave}}^{\mathrm{max}} = 12{,}9$ pm/V. Die Quadrate und Dreiecke zeigen jeweils die relative Häufigkeit der sechsten Wurzel der jeweils gemessenen SH-Pulsenergien. Der Bereich, wo die Kristallantwort geringer als die Substratantwort wäre, ist grau gekennzeichnet.*

Damit ist gezeigt, dass die kritische Kristallgröße, bei der die Brechung der Inversionssymmetrie bei $LiNbO_3$-Nanokristallen verschwindet, unterhalb von 5 nm liegen muss. Dieser Fund ist in guter Übereinstimmung zu neueren Rechnungen [72]. Es existieren ab-initio-Simulationen, die über die spontane zentrosymmetrische Umwandlung des Gesamtkristalls hinaus, eine dünne paraelektrische Oberflächenschicht vorhersagen. Diese Oberflächenschicht weicht in ihrer Zusammensetzung von der Komposition $LiNbO_3$ ab, was zu einer lokalen Zentrosymmetrie führt [73, 74]. Diese Oberflächenschicht hätte eine Ausdehnung im Bereich der Elementarzellenausdehnung. Nimmt man eine zentrosymmetrische Oberflächenschicht an, so würde sie sich in einer Verschiebung der SH-Antworten in Abb. 3.21, gegenüber der gemessenen Kristallgrößenverteilung, äußern. Die effektive, für Frequenzverdopplung wirksame Kristallgröße wäre kleiner als die TEM-gemessene Partikelgröße. Innerhalb unserer Messgenauigkeiten, wäre eine dünne zentrosymmetrische Schicht möglich, mit einer Dicke von z. B. etwa 1 nm. Allerdings kann eine dickere passive Schicht, ein sogenannter „dead layer" [75], mit mehreren Nanometern Ausdehnung, ausgeschlossen werden.

Das Weiterbestehen der nichtlinear-optischen Konversion bei 5 nm großen Kristallen kann als starker Hinweis darauf gewertet werden, dass auch die Nanokristalle ferroelektrisch sind. Dabei weist die Lichtkonversion zunächst nur direkt nach, dass die Kristalle der Punktgruppe $3m$ angehören, also pyroelektrisch und spontanpolarisiert sind. Für den Nachweis der Ferroelektrizität wäre es notwendig, eine Umpolung der Spontanpolarisierung durch elektrische Felder nachzuweisen. Dies ist optisch nicht möglich. Allerdings wurde die Ferroelektrizität bei der AG-Charge direkt nachgewiesen [45, 76, 77], und in unseren Experimenten war kein Einfluss des Ätzens auf die Kristallparameter zu bemerken. Die von uns vermutete Grenze zur superparaelektrischen Phase läge damit unterhalb von 5 nm, so fern es einen solchen von der Kristallgröße kontrollierten Phasenübergang in $LiNbO_3$ überhaupt gibt.

4 Kapitel Ausrichtbarkeit in Suspensionen

Nachdem gezeigt wurde, dass die von uns hergestellten Lithiumniobat-Nanokristalle bis zu einer 5-nm-Kristallgröße eine nichtlinear-optische Antwort zeigen, wie sie von Volumenkristallen bekannt ist, kann man zur dritten Frage der Einleitung übergehen: Wie richtet man ein Ensemble der Lithiumniobat-Nanokristalle aus? Und wie kann man die erzeugte Ausrichtung manipulieren?

Elektrische Felder zur Ausrichtung zu nutzen, ist hier der einfachste Ansatz. Und es wird sich zeigen, dass die Kristalle tatsächlich mit einer Ausrichtung auf angelegte elektrische Felder antworten. Was die zweite Teilfrage betrifft, so wurde gezeigt, dass die untersuchten Nanokristalle der Punktgruppe $3m$ angehören, also mindestens Pyroelektrika sind. Mit Hilfe des pyroelektrischen Effekts wird es möglich sein, die Manipulation der Ausrichtung durchzuführen und so einen zweiten Parameter zu gewinnen, der die Ausrichtung kontrolliert.

4.1 Grundlagen

Befindet sich eine Material-Kugel in einem elektrischen Feld, so wird sich das Material polarisieren. Diese Polarisierung führt zu einem Dipolmoment der Kugel, welches als „induziertes Dipolmoment" bezeichnet werden soll. Weist die Kugel zudem räumlich getrennte strukturelle Ladungschwerpunkte auf, so besitzt sie selbst ohne äußeres elektrisches Feld ein Dipolmoment aufgrund der Ladungstrennung. Dieses Dipolmoment wird als „permanentes Dipolmoment" bezeichnet. Induziertes und permanentes Dipolmoment werden mit einem externen elektrischen Feld wechselwirken.

Die Wechselwirkungsenergie oder potentielle Energie U eines Dipolmoments $\vec{d}$ in einem externen elektrischen Feld $\vec{E}$ ist gegeben durch

$$U = -\vec{d} \cdot \vec{E} = -d\,E\,\cos\theta, \tag{4.1}$$

wobei in der skalaren Schreibweise θ den Winkel zwischen den beiden Vektoren bezeichnet. Ist der Dipol frei drehbar, so wird das System anstreben, seine potentielle Energie zu minimieren. Das bedeutet, dass ein Ensemble von vielen gleichen Dipolen, das zuvor eine zufällige, isotrope Orientierungsverteilung hatte, nun eine gemeinsame Vorzugsrichtung bekommt. Betrachtet man das Ensemble nach einer ausreichenden Thermalisierungszeit, so wird sich eine Boltzmann-verteilte Orientierungswahrscheinlichkeitsdichte Π gemäß

$$\Pi(\vec{d},\vec{E}) = \frac{1}{N}\exp\left(-\frac{U}{k_{\mathrm{B}}T}\right) = \frac{1}{N}\exp\left(-\frac{\vec{d}\cdot\vec{E}}{k_{\mathrm{B}}T}\right) \tag{4.2}$$

einstellen. Dabei bezeichnet k_{B} die Boltzmannkonstante, T die Temperatur und N den Normierungsfaktor, der sich aus $\int \Pi d\Omega = 1$ ergibt. Die Orientierungswahrscheinlichkeit $P_{\mathrm{or}} = 1/(4\pi)\Pi \sin\theta$ ergibt sich unter Berücksichtigung der Integrationsnormierung.

Zunächst müssen die formalen Zusammenhänge der Wechselwirkungsenergien der induzierten und permanenten Dipole geklärt werden. Danach muss ein formaler Zusammenhang erarbeitet werden, wie die aus diesen Dipolmomenten resultierende Ausrichtung für ein Ensemble mittels der Doppelbrechung quantifiziert werden kann.

4.1.1 Induzierte Dipolmomente

Im einfachsten Fall wird die induzierte Polarisierung eines Materials durch die lineare tensorielle Beziehung

$$P_k^{(\mathrm{i})} = \epsilon_0\,(\epsilon_{kl}^{\mathrm{r}} - \delta_{kl})\,E_l = \epsilon_0\,\chi_{kl}^{(1)}\,E_l \tag{4.3}$$

ausgedrückt, wobei ϵ_0 die Vakuumpermittivität und δ_{kl} das Kronecker-Symbol bezeichnen. Diese Polarisierung führt zu geladenen Oberflächen eines endlichen Körpers und damit zu einem Dipolmoment. Betrachtet man z. B. eine Kugel mit dem Radius r, so ergibt sich für das so induzierte Dipolmoment $d^{(\mathrm{i})}$:

$$d^{(\mathrm{i})} = \iint_{A/2} 2h\,\vec{P^{(\mathrm{i})}}\cdot \mathrm{d}\vec{\Omega}, \tag{4.4}$$

wobei $\mathrm{d}\vec{\Omega}$ das infinitesimale Oberflächenelement der Kugel in vektorieller Schreibweise ist und $h = r\cos\theta_{\mathrm{i}}$ den Abstand des betreffenden Oberflächenelementes von der Äquatorialebene bezeichnet. Abbildung 4.1 veranschaulicht die Berechnung. Setzt man nun die Polarisierung ein, so ergibt sich:

$$d_k^{(\mathrm{i})} = 4\pi\,r^3\,\epsilon_0\,(\epsilon_{kl}^{\mathrm{r,s}} - \delta_{kl})\,E_l \int_0^{\frac{\pi}{2}} \sin\theta_{\mathrm{i}}\cos^2\theta_{\mathrm{i}}\,\mathrm{d}\theta_{\mathrm{i}} = \frac{4}{3}\pi\,r^3\,\epsilon_0\,(\epsilon_{kl}^{\mathrm{r,s}} - \delta_{kl})\,E_l. \tag{4.5}$$

Das induzierte Dipolmoment skaliert also linear mit der Feldstärke.

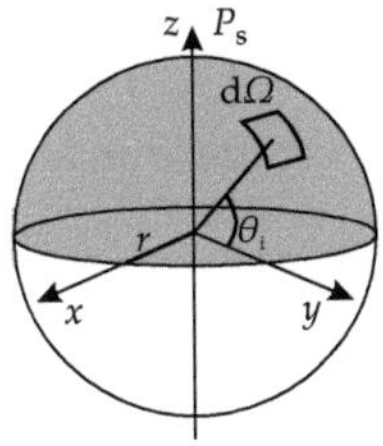

Abbildung 4.1: *Schematische Darstellung eines sphärischen Nanokristalls des Radius r zur Veranschaulichung der Berechnung der Dipolmomente. Als polare Achse wird die z-Achse gewählt, in die auch die Spontanpolarisierung P_s zeigt. Es wird über die hinterlegte Halbkugel integriert und verdoppelt, da die Problemstellung symmetrisch ist.*

4.1.2 Permanente Dipolmomente

Bei spontanpolarisierten Materialien ist das induzierte Dipolmoment nicht das einzige Dipolmoment, welches mit einem elektrischen Feld wechselwirken kann. Die Spontanpolarisierung erzeugt ein permanentes Dipolmoment. Jedoch ist zu erwarten, dass dieses Dipolmoment langfristig durch eine extrinsische Anlagerung freier Ladungsträger an die Oberflächen oder eine intrinsische Stöchiometrieänderungen gesenkt wird [74]. Rechnerisch wird dies durch den effektiven Polarisierungsreduktionsfaktor κ berücksichtigt. Mit seiner Hilfe kann das permanente Dipolmoment analog zu Gl. 4.5 berechnet werden, gemäß

$$d^{(\mathrm{p})} = \iint\limits_{A/2} 2h\kappa\vec{P}_\mathrm{s} \cdot \mathrm{d}\vec{\Omega} = \frac{4}{3}\pi\, r^3\, \kappa\, P_\mathrm{s}. \tag{4.6}$$

Die praktische Erfahrung zeigt, dass kein Strom fließt, wenn bei einem ungeheizten, mechanisch unbelasteten und unbeleuchteten Kristall die Flächen leitend verbunden werden. Das bedeutet, dass κ sehr klein sein muss, die effektive Oberflächenladung also sehr gering ist. Es spricht theoretisch nichts gegen eine vollkommene Kompensierung der Oberflächenladung, also $\kappa = 0$. Alternativ könnte der Kristall sich auch in einem Gleichgewichtszustand befinden, bei dem die Oberflächenladung großteils, aber noch nicht vollständig kompensiert ist [78]. Aussagen in der Literatur zu dem genauen Wert des κ in Lithiumniobat sind widersprüchlich [79]. Allerdings zeigen alle Messungen, dass $\kappa \ll 1$; z. B. haben piezokraftmikroskopische Messungen ergeben, dass der Kompensationsfaktor von Lithiumniobat, in einer Luftumgebung, in der Größenordnung 10^{-4} liegt [80].

Geht man von diesem Kompensationsfaktor aus, so zeigt eine Abschätzung der induzierten und permanenten Dipolmomente, dass, bei der Feldstärke $E = 10^6$ V/m und dem Kristallradius $r = 20$ nm, die Dipolmomente etwa gleich sind mit $d^{(\mathrm{i})} \approx d^{(\mathrm{p})} \approx 10^{-27}$ Cm. Allerdings weisen sie eine unterschiedliche Ausrichtung relativ zur c-Achse auf: Das permanente Dipolmoment liegt parallel zur c-Achse, das induzierte Dipolmoment senkrecht dazu, da $\epsilon^{\mathrm{r,s}}_{11,\,22} > \epsilon^{\mathrm{r,s}}_{33}$. Des Weiteren skaliert das induzierte Dipolmoment mit der Feldstärke im Gegensatz zum permanenten Dipolmoment. Die elektrische Feldstärke, bei der die Dipolmomente gleich sind, hängt also von dem jeweiligen permanenten Dipolmoment ab.

Variation des permanenten Dipolmoments durch den pyroelektrischen Effekt

Aus Kap. 3 ist bekannt, dass die Nanokristalle bis zu einem Kristalldurchmesser von 5 nm bei Raumtemperatur der Punktgruppe $3m$ angehören und damit pyroelektrisch sind. Ändert man die Temperatur eines pyroelektrischen Kristalls um den Wert ΔT, so macht sich die Spontanpolarisierungsänderung durch eine Oberflächenladungsänderung bemerkbar [23]:

$$\Delta P_i = \pi_i \, \Delta T. \tag{4.7}$$

Aus Symmetrieüberlegungen ergibt sich, dass in $LiNbO_3$ alle Komponenten außer π_3 (-40 µC/(Km^2) bei Raumtemperatur) verschwinden [30]. Eine Temperaturänderung erzeugt ein zusätzliches permanentes Dipolmoment in z-Richtung. War es zuvor möglich, das induzierte Dipolmoment über die elektrische Feldstärke zu ändern, existiert nun auch eine Möglichkeit, das permanente Dipolmoment zu variieren.

Wenn durch den pyroelektrischen Effekt die Oberflächenladung geändert wird, wird diese wieder langsam durch einen Ladungsfluss kompensiert. Betrachtet man einen $LiNbO_3$-Nanokristall, so kann dieser Ladungsfluss durch den Kristall oder durch die Umgebung des Kristalls stattfinden. Ein Ersatzschaltbild erleichtert die Untersuchung dieses Ladungstransports.

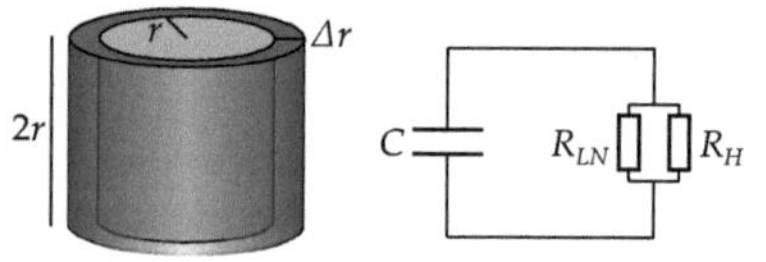

Abbildung 4.2: *Zylindrischer Nanokristall mit einer Ummantelung eines zweiten Dielektrikums und das elektrische Ersatzschaltbild. Die elektrischen Widerstände des Kristall R_{LN} und der Ummantelung R_H sind parallel geschaltet.*

Wir vereinfachen das Problem durch die Annahme eines zylindrischen Nanokristalls mit der Leitfähigkeit σ_{LN} und einer Ummantelung aus einem zweiten Material mit der Leitfähigkeit σ_H und der Dicke Δr, Abbildung 4.2 veranschaulicht dies und zeigt das resultierende elektrische Ersatzschaltbild. Die kreisförmigen Endflächen des Zylinders entsprechen den z-Flächen und werden als Kondensatorplatten mit der Kapazität C behandelt, die über den pyroelektrischen Effekt geladen werden können.

Die Kapazität des Kondensators lässt sich in dieser Geometrie berechnen aus

$$C = \frac{1}{2} \epsilon_0 \, \epsilon_{33}^{\mathrm{r,s}} \, \pi \, r. \tag{4.8}$$

Der Gesamtwiderstand R der beiden parallel geschalteten Widerstände berechnet sich aus den Leitfähigkeiten gemäß

$$R = \frac{R_{LN} \, R_H}{R_{LN} + R_H} = \frac{2(\pi \, r \, \sigma_{LN})^{-1} \, (\pi \, \Delta r \, \sigma_H)^{-1}}{2(\pi \, r \, \sigma_{LN})^{-1} + (\pi \, \Delta r \, \sigma_H)^{-1}}. \tag{4.9}$$

Um den zeitlichen Verlauf der Oberflächenladung zu modellieren, wird das System nun durch eine lineare, inhomogene Differentialgleichung erster Ordnung beschrieben:

$$\begin{aligned} \frac{\mathrm{d}}{\mathrm{d}t}\Delta P(t) &= \frac{\mathrm{d}}{\mathrm{d}t}\Delta P_{\mathrm{py}}(t) - \frac{1}{RC}\Delta P(t), \\ \text{mit} \quad \frac{\mathrm{d}}{\mathrm{d}t}\Delta P_{\mathrm{py}}(t) &= \pi_3 \frac{\mathrm{d}T}{\mathrm{d}t}(t). \end{aligned} \tag{4.10}$$

Der erste Term der Gl. 4.10 beschreibt die Polarisierung, die der Kondensator durch die pyroelektrische Oberflächenladungsänderung erhält. Der zweite Term beschreibt die Entladung des Kondensators über den Ersatzwiderstand. Die allgemeine Lösung dieser Differentialgleichung für $\Delta P(t)$ lautet dann

$$\Delta P(t) = \Delta P(t_0 - t) \exp\left(\frac{t_0 - t}{RC}\right) + \int_{t_0}^{t} \frac{d}{dt'} \Delta P_{\mathrm{py}}(t') \exp\left(\frac{t'}{RC}\right) dt'. \tag{4.11}$$

Hierbei ist es üblich, die Entladezeitkonstante $\tau = RC$ zu definieren. Für die Leitfähigkeit der Kristalle wird $\sigma_{\mathrm{LN}} = 10^{-13}$ $(\Omega\mathrm{cm})^{-1}$, und die der Ölsäure-Ummantelung $\sigma_{\mathrm{H}} = 10^{-8}$ $(\Omega\mathrm{cm})^{-1}$, angenommen. Die Leitfähigkeit des $LiNbO_3$ ist [35] entnommen, die Leitfähigkeit der Ölsäure wurde mit Hilfe eines Impedanzspektrometers gemessen. Mit dem Partikelradius $r = 20$ nm und einer Schichtdicke der Ummantelung von $\Delta r \approx 3$ nm ergibt sich die Entladezeitkonstante $\tau \approx 5$ s. Die effektive Leitfähigkeit des $LiNbO_3$-Ölsäure-Tröpfchens ist 2×10^{-9} $(\Omega\mathrm{cm})^{-1}$. Nimmt man eine Schichtdicke von 30 nm an, so ergibt sich die Endladezeitkonstante $\tau \approx 1$ s, mit der effektiven Leitfähigkeit 6×10^{-9} $(\Omega\mathrm{cm})^{-1}$. Selbst bei sehr dünnen Ummantelungsdicken wird die effektive Leitfähigkeit fast vollständig durch die Ummantelung, nicht den Kristall, bestimmt.

Die Zeitkonstante τ, die pyroelektrische Konstante und die durch die Präparation gegebene Kristallgröße sind nicht ohne weiteres manipulierbar. Das bedeutet, dass die maximale Änderung der Polarisierung von außen nur durch die Temperaturrampe $K(t) = \mathrm{d}T(t)/\mathrm{d}t$ steuerbar ist. Ein positives K entspricht hier einem Heizen des Kristalls. Um die Auswirkung z. B. verschiedener Zeitkonstanten und Heizraten zu veranschaulichen, wird der Heizvorgang zunächst durch einen Rechteckpuls mit der Dauer t_1 der Amplitude K beschrieben, da hier die Differentialgleichung durch einfache Exponential-Terme lösbar wird. Eine Modellierung der Oberflächenladung unter der Annahme unterschiedlicher Kompensationszeiten τ ist in Abb. 4.3a dargestellt. Hier wurde ein Kühlen simuliert um eine positive Polarisierung zu erhalten; der pyroelektrische Koeffizient π_3 ist negativ. Abbildung 4.3b zeigt Polarisierungsentwicklung bei unterschiedlichen Temperaturrampen K. Die Polarisierung strebt während der Temperaturänderung einen Sättigungswert an, der sich aus dem Gleichgewicht zwischen dem pyroelektrischen Strom und dem Kompensationsstrom ergibt. Nach dem Ende des Kühlens wird die Polarisierung langsam wieder bis auf ihren Anfangswert kompensiert, da der pyroelektrische Strom wegfällt und nur noch der Kompensationsstrom wirkt.

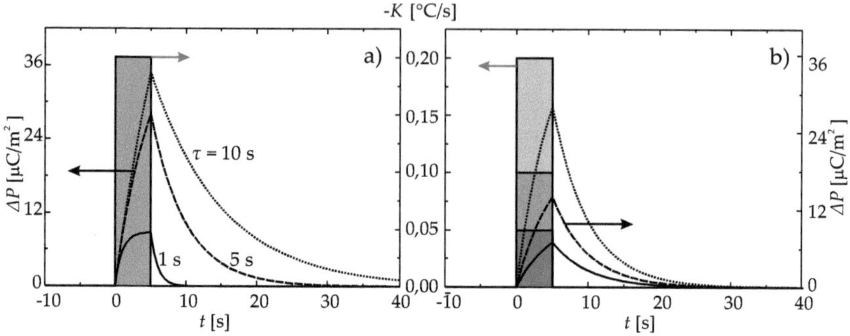

Abbildung 4.3: *Zeitenwicklung der Polarisierung ΔP eines $LiNbO_3$-Nanokristalls bei einem instantan eingeschalteten Kühlvorgang. a) Zeitweises Kühlen mit der Rate $K = -0{,}2$ °C/s. Mit durchgezogener Linie für $\tau = 1$ s, gestrichelt für $\tau = 5$ s und punktiert für $\tau = 10$ s. b) Zeitweises Kühlen bei verschiedenen Kühlraten mit $\tau = 5$ s. In schwarz dargestellt für $K = -0{,}2$ °C/s, gestrichelt für $K = -0{,}1$ °C/s und punktiert für $K = -0{,}05$ °C/s.*

Ein solcher Heizvorgang ist experimentell in Suspensionen nicht zu realisieren. Realistischer ist, dass die Heizrate anwächst, gegebenenfalls ein instrumentelles Maximum erreicht und dann wieder sinkt. Die realistische Heizrate wird dadurch beschrieben, dass zu dem Zeitpunkt $t = 0$ die Heizrate mit $0{,}03$ °C/s^2 ansteigt, bis zu dem Zeitpunkt $t_1/2$, danach wird sie in der gleichen Rate gesenkt, so dass sie bei $t = t_1$ verschwindet. Überschreitet die Heizrate $0{,}35$ °C/s, so wird sie auf diesen Wert begrenzt. Abbildung 4.4 zeigt einen Fall, bei dem die Heizrate ein solches Trapez bildet, da bei $t < t_1/2$ das instrumentelle Maximum der Heizrate erreicht wird. Beide Werte, der Anstieg der Heizrate und die maximale Heizrate, sind in Übereinstimmung mit den experimentellen Gegebenheiten. Modelliert man solche Heizraten, so zeigt sich, dass die langsam anwachsende Heizrate das exponentielle Verhalten der Polarisierung, bei kurzen Kompensationszeiten, überdeckt, wie in Abb. 4.4 dargestellt.

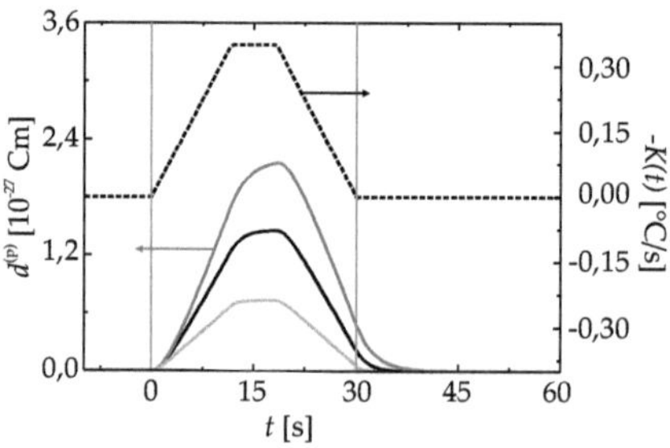

Abbildung 4.4: *Zeitenwicklung des pyroelektrisch erzeugten Dipolmoments bei einem realistischen Heiz- und Abkühlvorgang. Die Heizrate, hier gestrichelt dargestellt, wird mit $0{,}03$ °C/s^2 bis auf $0{,}35$ °C/s erhöht, hält diesen Wert ca. 10 s und wird genauso schnell wieder herunter gefahren. In hellgrau ist das resultierende Dipolmoment für die Kompensationszeitkonstante $\tau = 0{,}9$ s, in schwarz für $\tau = 1{,}7$ s und in grau für $\tau = 2{,}6$ s dargestellt.*

Nutzt man dieses $K(t)$ in Gl. 4.11, und zerlegt die Polarisierungsentwicklung in zwei zeitliche Bereiche, so ergibt sich

$$\begin{aligned} \Delta P(t) &= P_0 + \frac{3}{2\pi}\pi_3 \exp\left(-\frac{t}{\tau}\right) \int_0^t \exp\left(-\frac{t'}{\tau}\right) K(t')dt' && \text{für } t \leq t_1, \\ &= \Delta P(t_1) \exp\left(-\frac{t-t_1}{\tau}\right) + P_0\left(1 - \exp\left(-\frac{t-t_1}{\tau}\right)\right) && \text{für } t > t_1. \end{aligned} \tag{4.12}$$

Das gesamte permanente Dipolmoment $d^{(p)}$ lässt sich bei einer Temperaturänderung mit einer Kombination aus Gl. 4.6 und der Gl. 4.12 beschreiben:

$$d^{(p)} = \frac{4}{3}\pi\, r^3\, (\Delta P(t)). \tag{4.13}$$

4.1.3 Ausrichtungsverhalten der Nanokristalle in elektrischen Feldern

Je nachdem, ob die permanenten oder induzierten Dipolmomente dominieren, ergeben sich zwei Grenzfälle:

- Dominiert das permanente Dipolmoment des Nanokristalls, welches parallel zur c-Achse des Kristalls liegt, so wird sich der Kristall so ausrichten, dass seine z-Achse parallel zur elektrischen Feldrichtung liegt, wie in Abb. 4.5a gezeigt. Das Ensemble wird ein Maximum der Orientierungsdichte in Feldrichtung besitzen, siehe dazu Abb. 4.5c. Hier können die Kristalle noch um die Feldachse rotieren. Die Spontanpolarisierung ist nicht richtungsinvariant, so dass sich nur ein Maximum bei 0 findet, aber nicht bei π.

- Dominiert das induzierte Dipolmoment, so wird der Nanokristall die z-Achse möglichst senkrecht zur elektrischen Feldrichtung ausrichten, wie in Abb. 4.5b gezeigt. Das Ensemble wird das Ausrichtungsmaximum senkrecht zum Feld aufweisen, siehe dazu Abb. 4.5c. Allerdings wird hier nur die xy-Ebene in Feldrichtung orientiert. Die z-Achse hat also noch einen zweiten Rotationsfreiheitsgrad.

Die experimentelle Bestimmung des Ausrichtungsverhaltens der Kristalle ermöglicht, also die involvierten Dipolmomente zu bestimmen. Zunächst kann ermittelt werden, welches Dipolmoment dominiert. Mit Hilfe einer detaillierten Modellierung ist es dann auch möglich, das genaue Verhalten der Dipolmomente zu quantifizieren, anhand der experimentell bestimmten Ausrichtungsdaten.

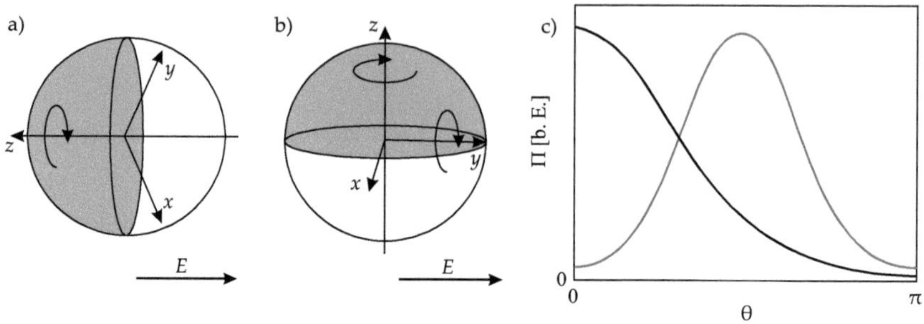

Abbildung 4.5: *a) Schematische Darstellung des Ausrichtungsverhaltens durch permanente Dipolmomente. Eine Rotation um die Feldachse ist möglich. b) Schematische Darstellung des Ausrichtungsverhaltens durch induzierte Dipolmomente. Eine Rotation um die Feldachse und die z-Achse ist möglich. c) Schematische Darstellung der Orientierungswahrscheinlichkeit* Π *gegen den Winkel* θ*. In schwarz die Wahrscheinlichkeit bei Ausrichtung durch permanente, in grau die Wahrscheinlichkeit bei Ausrichtung durch induzierte Dipolmomente.*

4.1.4 Feldinduzierte Doppelbrechung in Lithiumniobat-Nanokristall-Suspensionen

Um das Ausrichtungsverhalten der Nanopartikel zu untersuchen, bietet sich bei $LiNbO_3$ ein optisches Messverfahren an, das die Doppelbrechung des ganzen Ensembles bestimmt. Jeder einzelne Kristall ist doppelbrechend, so dass eine kollektive Ausrichtung eines Kristall-Ensembles zu einer resultierenden Doppelbrechung des Ensembles führt. Für die Doppelbrechung des Nanokristall-Ensembles lassen sich zwei Grenzfälle identifizieren: Der Fall des vollkommen ausgerichteten Ensembles und der Fall der vollständig zufälligen Ausrichtung des Ensembles.

Die Kristalle weisen für Licht, welches parallel zur z-Achse des Kristalls polarisiert ist, den außerordentlichen Brechungsindex n_e auf. Für Licht, welches senkrecht zur z-Achse polarisiert ist, gilt der ordentliche Brechungsindex n_o. Diese Brechungsindizes spannen einen oblaten Brechungsindexellipsoid auf, dargestellt in Abb. 4.6a. Ist das Ensemble unausgerichtet und zeigen die z-Achsen in zufällige Richtungen, so mittelt das durchlaufende Licht über die Doppelbrechung der individuellen Kristalle, und es wird ein isotroper, effektiver Brechungsindex des Ensembles $\bar{n} = \sqrt{\bar{\epsilon}^{(\mathrm{r},\nu)}}$ gemessen. Dieser berechnet sich daraus, dass die nun aufgespannte Brechungsindexkugel, dargestellt in Abb. 4.6b, das gleiche Volumen wie das anisotrope Brechungsindexellipsoid aufweisen muss: $(4/3)\,\pi\,\bar{n}^3 = (4/3)\,\pi\,n_e\,n_o^2$. Bekommt das isotrope Ensemble eine langsam wachsende Orientierungswahrscheinlichkeit in eine Vorzugsrichtung, so wird entsprechend langsam eine effektive Doppelbrechung des Ensembles messbar. Anschaulich gesprochen, deformiert sich die Brechungsindexkugel zum Ellipsoiden, der ein gleichbleibendes Volumen haben muss, dieser Fall ist in Abb. 4.6c veranschaulicht. Diese Deformation ist um so größer, je höher der Ausrichtungsgrad der Kristalle ist. Ist das Ensemble vollständig ausgerichtet, so erreicht das Brechungsindexellipsoid seine maximale Deformation, und für das Ensemble wird das Brechungsindexellipsoid eines Einzelkristalls wirksam.

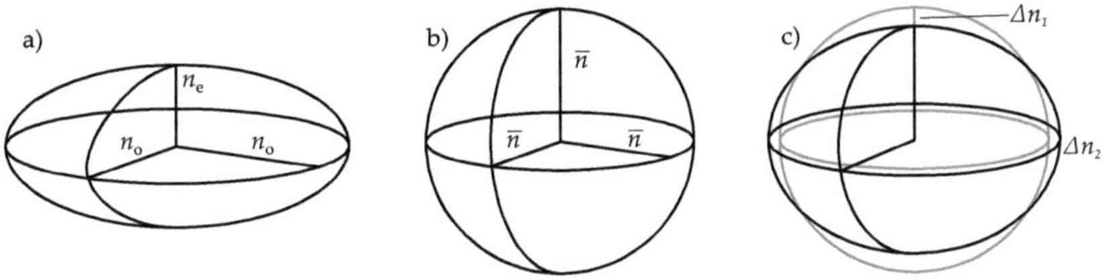

Abbildung 4.6: *Schematische Darstellung der Brechungsindexellipsoiden: a) Einzelkristall und vollständig ausgerichtetes Ensemble. Die Doppelbrechung ist maximal vorhanden. b) Orientierung innerhalb des Ensembles ist vollständig zufällig. Es existiert nur ein mittlerer Brechungsindex $\bar{n}$. c) Ein Ensemble mit teilweiser Ausrichtung.*

Um eine Beschreibung für die effektive Doppelbrechung Δn eines Kristallensembles in einer isotropen Trägersubstanz mit der statischen Permittivität ϵ_h und dem Brechungsindex n_h zu formulieren, nehmen wir eine Kristallvolumenkonzentration c_v in der Suspension an. Diese muss so klein sein, dass keine elektrische Wechselwirkung zwischen den Kristallen besteht. Dann lässt sich die resultierende Permittivität, egal ob statisch oder für den sichtbaren Frequenzbereich, durch die effektive-Medium-Theorie beschreiben, auch „Maxwell-Garnett-Theorie" genannt [81]. Die Kristalle werden als dielektrische Inklusionen in einem Trägermaterial betrachtet.

Die allgemeine Beschreibung des Suspensionsbrechungsindexes für anisotrope Inklusionen in isotropen Medien, bzw. deren Ausrichtungsverhalten, ist nicht trivial [82]. Für das Ausrichtungsverhalten anisotroper, axialsymmetrischer Partikel und die daraus resultierende Brechungsindexänderung wird hier die allgemeine Formulierung von A. Peterlin und H. A. Stuart genutzt. Es ist eine allgemeine Beschreibung, abhängig von dem angelegten externen Feld, welches die Inklusionen ausgerichtet [83]. Sie formulieren für den Brechungsindex $n_\parallel$ parallel zum elektrischen Feld und $n_\perp$ senkrecht dazu:

$$n_\parallel^2 = n_h^2 + c_v \left[g_o + (g_e - g_o) \iint_A \Pi(E,\theta)\, \cos^2\theta \, \mathrm{d}\Omega \right] \tag{4.14}$$

$$n_\perp^2 = n_h^2 + c_v \left[g_o + (g_e - g_o) \iint_A \Pi(E,\theta)\, \sin^2\theta \, \sin^2\varphi \, \mathrm{d}\Omega \right] . \tag{4.15}$$

Integriert wird dabei über das infinitesimale Kugeloberflächenelement Ω, θ bezeichnet den Winkel zwischen der c-Achse der Kristalle und dem elektrischen Feld, außerdem wurden sphärische Nanokristalle angenommen. Die Konstanten g_o und g_e bezeichnen hier die sogenannten „optischen Anisotropiefaktoren", die im Fall sphärischer Partikel gegeben sind durch

$$g_i = (n_i^2 - n_\mathrm{h}^2)\left(1 + \frac{n_i^2 - n_l^2}{3n_\mathrm{h}^2}\right)^{-1} \quad \text{mit } i = \{e, o\}. \tag{4.16}$$

Die normierte Orientierungswahrscheinlichkeitsdichte Π wird gemäß Gl. 4.2 mit Hilfe der allgemeinen Wechselwirkungsenergie U formuliert. Diese setzt sich aus den Beiträgen sowohl der induzierten als auch der permanenten Dipolmomente zusammen, wie in Abschnitt 4.1.3 erläutert wurde.

Die Wechselwirkungsenergie U_i der induzierten Dipolmomente wird dabei formuliert durch die Nutzung von Anisotropiefaktoren [83]:

$$U_\mathrm{i} = -\frac{2\pi}{3}\, r^3\, E^2\, (\tilde{g}_\mathrm{e} - \tilde{g}_\mathrm{o})\, \cos^2\theta \tag{4.17}$$

Die elektrostatischen Anisotropiefaktoren $\tilde{g}_\mathrm{o}$ und $\tilde{g}_\mathrm{e}$ werden analog zu den optischen Anisotropiefaktoren g_o und g_e gemäß Gl. 4.16 berechnet. Nur sind hier die statischen Permittivitäten, $\epsilon_{11}^{\mathrm{r,s}}$, $\epsilon_{33}^{\mathrm{r,s}}$ und $\epsilon_\mathrm{h}^{\mathrm{r,s}}$, einzusetzen.

Um die Wechselwirkungsenergie U_p der permanenten Dipolmomente $d^{(\mathrm{p})}$ der Inklusionen berücksichtigen zu können, wird eine Beschreibung genutzt, wie sie von O'Konski eingeführt wurde [84]:

$$\begin{aligned} U_\mathrm{p} &= -d^{(\mathrm{p})}\, E\, B \cos\theta \\ \text{mit} \quad B &= \left(1 + \frac{\epsilon_{33}^{\mathrm{r,s}} - \epsilon_\mathrm{h}}{2\epsilon_\mathrm{h}}\right)^{-1}. \end{aligned} \tag{4.18}$$

Die Konstante B bezeichnet einen Feldreduktionsfaktor, da die Polarisierung des Trägermaterials zu einer Senkung des Betrags des inneren elektrischen Feldes führt. Mit den Wechselwirkungsenergien aus Gl. 4.17 und Gl. 4.18 ergibt sich dann für die Orientierungswahrscheinlichkeitsdichte $\Pi(E, \theta)$ aus Gl. 4.2:

$$\Pi(E,\theta) = \frac{1}{N} \exp\left(\frac{\frac{2\pi}{3}\, r^3\, E^2\, (\tilde{g}_\mathrm{e} - \tilde{g}_\mathrm{o})\, \cos^2\theta + d^{(\mathrm{p})}\, E\, B \cos\theta}{k_\mathrm{B}\, T}\right), \tag{4.19}$$

$$\text{mit} \quad N = \iint_A \exp\left(\frac{\frac{2\pi}{3}\, r^3\, E^2\, (\tilde{g}_\mathrm{e} - \tilde{g}_\mathrm{o})\, \cos^2\theta + d^{(\mathrm{p})}\, E\, B \cos\theta}{k_\mathrm{B}\, T}\right) \mathrm{d}\Omega. \tag{4.20}$$

Ist $E = 0$, wird die Orientierungsverteilung konstant $\Pi \equiv 1/(4\pi)$. Die Integrale in Gl. 4.14 und in Gl. 4.15 nehmen den Wert $1/3$ an. Die Lösung für diesen Fall entspricht der isotropen Orientierung:

$$n_0^2 \equiv n_\parallel^2(E=0) = n_\perp^2(E=0) = n_\mathrm{h}^2 + c_\mathrm{v}\left[g_\mathrm{o} + \frac{g_\mathrm{e} - g_\mathrm{o}}{3}\right]. \tag{4.21}$$

Im Gegensatz zu den Arbeiten von Peterlin et al. oder O'Konski soll nicht die resultierende Doppelbrechung, sondern die Brechungsindexänderung für die einzelnen Achsen berechnet werden.

Die resultierende Brechungsindexänderung der Suspension bei Anlegen eines elektrischen Feldes wird berechnet, indem Gl. 4.21 mit den Gl. 4.14 und 4.15 kombiniert wird. Dabei lassen sich $n_{\|}$ und $n_{\perp}$ einzeln angeben:

$$\Delta n_i = n_i - n_0 \quad \text{mit } i = \{\|, \perp\}. \tag{4.22}$$

Es ist nun möglich, eine volle Simulation der erwarteten Brechungsindexänderung in Abhängigkeit von verschiedenen Materialeigenschaften anzugeben. Setzt man Gl. 4.13 in Gl. 4.19 ein, kann die messbare Doppelbrechung auch für Kristalle berechnet werden, bei denen das permanente Dipolmoment durch den pyroelektrischen Effekt variiert wird. Eine Änderung der Oberflächenladungen durch den pyroelektrischen Effekt geht dabei in $\Pi(E, \theta, t, K)$ ein. Der vollständige Ausdruck ist

$$\begin{aligned}
\Delta n_{\|} &= \sqrt{n_\mathrm{h}^2 + c_\mathrm{v}\left[g_\mathrm{o} + (g_\mathrm{e} - g_\mathrm{o}) \iint_A \Pi(E,\theta,t,K)\, \cos^2\theta\, \mathrm{d}\Omega\right]} - n_0, \\
\Delta n_{\perp} &= \sqrt{n_\mathrm{h}^2 + c_\mathrm{v}\left[g_\mathrm{o} + (g_\mathrm{e} - g_\mathrm{o}) \iint_A \Pi(E,\theta,t,K)\, \sin^2\theta\, \sin^2\varphi\, \mathrm{d}\Omega\right]} - n_0
\end{aligned} \tag{4.23}$$

Um die Wirkung der Kristalle und ihrer Ausrichtung zu veranschaulichen, wird Heptan als Trägermaterial angenommen ($n_\mathrm{h} = 1{,}33$), und eine Partikelvolumenkonzentration von $c_\mathrm{v} = 10^{-4}$. Durch Einsetzen erhält man eine Änderung des effektiven Brechungsindex der Suspension von $n_0 - n_\mathrm{h} = 0{,}991 \times 10^{-5}$ durch die Zugabe der Nanokristalle. Werden die Kristalle nun perfekt ausgerichtet, so erhält man die maximal mögliche Ausrichtungs-Brechungsindexänderung. Je nachdem, ob das Licht senkrecht oder parallel zu den c-Achsen des Ensembles polarisiert ist $\Delta n_\mathrm{o}^\mathrm{perf} = n_\mathrm{o}^\mathrm{perf} - n_0 = 1{,}9 \times 10^{-6}$ bzw. $\Delta n_\mathrm{e}^\mathrm{perf} = n_\mathrm{e}^\mathrm{perf} - n_0 - = -3{,}9 \times 10^{-6}$.

Diese maximale Brechungsindexänderung durch perfekte Ausrichtung wird experimentell nur selten eintreten. Um einen Eindruck der Brechungsindexänderung in realen Messbedingungen zu bekommen, wurde für Abbildung 4.7 die Brechungsindexänderung parallel und senkrecht zum elektrischen Feld für zwei unterschiedliche Werte von κ gemäß Gl. 4.23 berechnet. Die schwarzen Linien ergeben sich bei $\kappa = 10^{-5}$, hier dominieren die induzierten Dipolmomente. Die graue Linie ergibt sich bei $\kappa = 2 \times 10^{-4}$, hier dominieren die permanenten Dipolmomente. Dass im Fall der vom permanenten Dipolmoment dominierten Ausrichtung die Brechungsindexänderung parallel zum elektrischen Feld negativ und senkrecht dazu positiv ist, ist dadurch erklärbar, dass $LiNbO_3$ ein optisch negativer Kristall ist, $n_\mathrm{e} < n_\mathrm{o}$. Es fällt auf, dass die Brechungsindexänderung parallel zum elektrischen Feld immer doppelt so groß wie senkrecht dazu ist. Dieses Verhalten ist systematisch und ist auf die Deformation des Brechungsindexellipsoiden zurückzuführen. Sein Volumen muss bei Deformation gleich bleiben, gleichzeitig ist er oblat. Eine Betragsänderung der kurzen Achse wird durch eine gegenläufige Änderung der zwei anderen Achsen kompensiert.

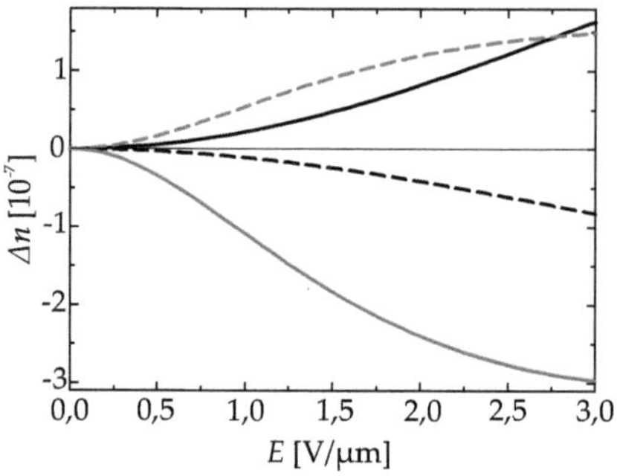

Abbildung 4.7: *Brechungsindexänderung parallel (gekennzeichnet durch die durchgezogene Linie) und senkrecht (gekennzeichnet durch die gestrichelte Linie) zum elektrischen Feld variiertem Feld, angenommen wird ein 20 nm-Kristallradius. Die schwarze Linie ist erzeugt durch $\kappa = 10^{-5}$, die graue Linie durch $\kappa = 2 \times 10^{-4}$. Es wird eine $c_V = 2{,}5 \times 10^{-5}$-Partikelvolumenkonzentration in der Suspension angenommen.*

Pyroelektrischer Effekt und Brechungsindexänderung

Um einen Eindruck davon zu bekommen, welche Auswirkung das pyroelektrisch erzeugte permanente Dipolmoment auf die Ausrichtungsdoppelbrechung hat, wird mit Hilfe des Modells die resultierende Brechungsindexänderung simuliert. Die Temperatur soll um $\Delta T = 5$ °C geändert werden. Des weiteren wird angenommen: Partikelkonzentration $c_V = 10^{-4}$, Partikelradius $r = 20$ nm, Kompensationsfaktor des permanenten Dipolmoments $\kappa = 0$, Kompensationszeit $\tau = 2$ s, und die zeitliche Entwicklung der Heizrate entspricht der trapezförmigen Funktion, die in Kap. 4.1.2 beschrieben wurde. Betrachtet man die Brechungsindexänderung parallel zum elektrischen Feld bei Feldstärken kleiner als 1 V/µm, so zeigen diese ein rein quadratisches Verhalten, wie in Abb. 4.8a gezeigt. Die Feldstärke ist zu niedrig, als dass sich eine Ausrichtungssättigung zeigen könnte. Im Anfangszustand besitzen die Kristalle kein permanentes Dipolmoment. Wird nun geheizt, so baut sich das pyroelektrisch erzeugte permanente Dipolmoment auf, und konkurriert mit dem induzierten Dipolmoment: Die Ausrichtungs-Brechungsindexkurve wird flacher. Dieses Verhalten wird quantitativ in Abb. 4.8b dargestellt, indem die Brechungsindexänderung bei $|E| = 0{,}37$ V/µm zeitlich verfolgt wird. Gleichzeitig wird die zeitliche Entwicklung der Heizrate dargestellt. Man erkennt hier eine Korrelation. Die Brechungsindexänderung, immer in Bezug auf den Brechungsindex bei isotroper Orientierung der Kristalle, sinkt von etwa $1{,}2 \times 10^{-8}$ auf etwa $1{,}1 \times 10^{-8}$. Der zu erwartende Effekt wird also bei etwa 10% Variation der Brechungsindexänderung liegen.

4.2 Experimentelle Methoden

In der Literatur finden sich bereits Arbeiten, die die Ausrichtung von Bariumtitanat-, Bleizirkontitanat- und Lithiumniobat-Nanopartikeln untersuchen [36, 85–87]. Diese

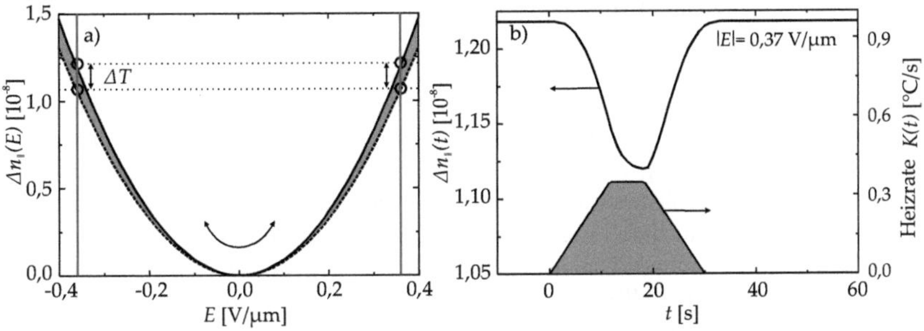

Abbildung 4.8: *a) Feldinduzierte Ausrichtungs-Brechungsindexänderung parallel zum elektrischen Feld unter der Annahme $r = 20$ nm, $\kappa = 0$ und $c_v = 10^{-4}$. Die durchgezogene Linie entspricht der Ausrichtungs-Brechungsindexänderung vor einer Temperaturänderung, die gestrichelte Linie der Ausrichtungs-Brechungsindexänderung wenn mit $K = 0{,}35$ °C/s geheizt wird. Als Kompensationszeit wird $\tau = 2$ s angenommen. Die Temperaturänderung senkt die gesamte feldinduzierte Antwort: Markiert ist die Reduktion bei $|E| = 0{,}37$ V/µm. b) Zeitabhängigen Ausrichtungs-Brechungsindexänderung bei $|E| = 0{,}37$ V/µm bei gleichzeitiger Darstellung der Heizrate $K(t)$. Die Betrachtung bei nur einer Feldstärke erleichtert die Auswertung.*

Arbeiten konzentrieren sich auf die Hochfeldfälle und sind eher qualitativer Natur. Es wurde das Verhalten der Ausrichtung der Partikel untersucht, wenn diese sich der maximalen effektiven Ausrichtung und Sättigung der Doppelbrechung annähern. Dazu wurden Spannungsrechteckpulse an Küvetten angelegt und wurde mit Hilfe gekreuzter Polarisatoren, vor und hinter der Küvette, die Entwicklung der Doppelbrechung anhand der Transmissionsminima aufgezeichnet. Dadurch war dieses Verfahren relativ grob und gibt kaum Aufschluss über die Situation bei geringen Feldstärken oder Manipulationen der Ausrichtung durch äußere Einflüsse. Um die Ausrichtungsdoppelbrechung quantitativ nachzuweisen, wurden in dieser Arbeit zwei unterschiedliche Ansätze verfolgt. Zum einem wurde die Brechungsindexänderung mit Hilfe eines interferometrischen Aufbaus direkt bestimmt, zum anderen wurde die Doppelbrechung mit Hilfe gekreuzter Polarisatoren nachgewiesen. Insbesondere sollte geklärt werden, ob es möglich ist, die Ausrichtung durch den pyroelektrischen Effekt der Partikel zu manipulieren. Die Hochfeldfälle waren von keinem besonderen Interesse.

Der Vorteil des Interferometers ist, dass man die Brechungsindexänderung für Lichtpolarisationen parallel und senkrecht zum elektrischen Feld direkt und quantitativ messen kann. Die Brechungsindexänderung führt zu einer Änderung der optischen Weglänge. Durch einen heterodynen Messansatz, unterstützt durch Lock-in-Messtechnik, ist die benötigte Nachweisempfindlichkeit erzielbar. Zudem sind die Vorzeichen der Brechungsindexänderungen bestimmbar. Dies liefert Informationen darüber, wie hoch das permanente Dipolmoment ist, und wie die Partikel sich genau ausrichten.

Der zweite Ansatz, eine Untersuchung der Suspensionen mit Hilfe gekreuzter Polarisatoren, findet sich bereits in den erwähnten älteren Arbeiten. Im Unterschied zu diesen werden wir die zeitliche Änderung der Brechungsindexkurven untersuchen, die aus dem pyroelektrischen Effekt bei einer Temperaturänderung der Suspension resultiert. Mit gekreuzten Polarisatoren ist es nur möglich, den Betrag der feldinduzierten Doppelbrechung zu bestimmen, ferner ist die Absolutwert-Bestimmung der Doppelbrechung schlechter als bei einem interferometrischen Messkonzept. Der Vorteil des Messschemas der gekreuzten Polarisatoren liegt allerdings in der Zeitauflösung und dem einfachen Messaufbau. Dadurch, dass die Doppelbrechung der Suspension an- und abschaltbar ist, kann dennoch die Messgenauigkeit durch eine quasi-heterodyne Messung erhöht werden. Für diese Arbeit wurden beide Ansätze benutzt, um komplementäre Informationen über das Ausrichtungsverhalten der Nanokristall-Suspensionen zu erhalten.

4.2.1 Küvetten

Da einige besondere Anforderungen an die Küvetten existieren, wurden sie selber für die Untersuchungen hergestellt. Die Küvetten müssen möglichst lang sein, um eine große Interaktionslänge mit dem Licht zu ermöglichen, da die erwartete Brechungsindexänderung niedrig ist. Gleichzeitig müssen sie möglichst schmal sein, um die Felder innerhalb der Küvette bei gegebener Maximalspannung zu erhöhen. Die Seitenwände sollten elektrisch sehr leitfähig sein, um als Elektroden dienen zu können. Des Weiteren sollte es für die Messungen, die den Pyro-Effekt ausnutzen, möglich sein, die Küvette möglichst schnell und homogen zu heizen oder zu kühlen.

Es gab zwei Versionen der Küvetten, die sich nur in ihren Abmessungen unterscheiden. Die erste Variante hat eine Länge von 70 mm. Sie wird jeweils eingesetzt, wenn die Ausrichtungsdoppelbrechung bei konstanter Temperatur gemessen wird. Die andere Variante hat eine Länge von 50 mm. Sie wird für Messungen der Ausrichtungsdoppelbrechung bei einer Temperaturänderung genutzt. Die längere Variante erweist sich bei Temperaturänderungen als problematisch, da die Temperaturänderung nicht homogen über die gesamte Länge ist. Eine Skizze der Küvette und die weiteren Maße sind Abb. 4.9 zu entnehmen. Die Seitenwände dienen gleichzeitig als Elektroden, dank geklebter Kupferfolien, und sind nach außen hin kontaktierbar. Die Küvetten haben einen Elektrodenabstand von 2 mm. Ein noch geringerer Elektrodenabstand führte zu Abschattungen des Laserlichtes durch die Elektroden nahe der vorder- und rückseitigen Fenster, und war daher nicht praktikabel. Für die Fenster, den Boden und den Deckel der Küvetten wurde 1 mm dickes Glas genutzt, wobei der Deckel mit zwei Löchern mit einem Durchmesser von 1,5 mm zum Befüllen, Entleeren und Reinigen der Küvette versehen wurde. Die beiden Löcher im Deckel sind mit Nylonschrauben verschließbar, um bei längeren Messzyklen eine Verdunstung der Trägerflüssigkeit zu verhindern.

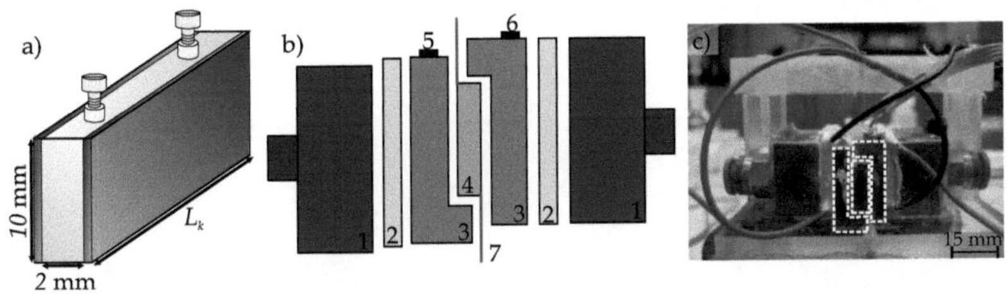

Abbildung 4.9: *a) Skizze der selbstgebauten Küvette. b) Explosionszeichnung der Temperaturküvette: 1: Wasserdurchflossener Wärmetauscher; 2: Peltierelemente; 3: Kupferelemente; 4: Glasküvette; 5: PT100-Thermowiderstand; 6: PT1000-Thermowiderstand; 7: Elektrodenkontaktierung. c) Zusammengesetzter, messbereiter Aufbau in Frontansicht. Sowohl die Glasküvette, als auch die Kupferelemente sind durch den gestrichelten weißen Umriss gekennzeichnet.*

Temperatursteuerung

Die Temperatur der 50-mm-Küvette wird durch Peltierelemente variiert. Dazu wird die Küvette von Kupferelementen umschlossen, die die spätere Temperaturänderung von außen homogenisieren und schnell an die Küvette weiterleiten. Die Kupferelemente besitzen Aussparungen für die Küvettenöffnungen und für die Elektrodenkontaktierung. Hierbei muss beachtet werden, dass die Kupferumschließung leicht zu einem Kurzschluss der Elektroden führen kann, da diese Bauweise sehr kompakt ist. Ein Kurzschluss kann zu einer Zerstörung der Peltierelemente oder der nachgeschalteten Temperatur-Steuerelektronik führen, ist daher auf jeden Fall zu verhindern. Daher werden die Kupferelemente mit Hilfe eines 50 µm dicken Kaptonfilms vollständig isoliert.

Die genutzten Peltier-Elemente weisen jeweils eine Leistung von etwa 35 W auf. Ihre Innenseite ist mit Hilfe von Wärmeleitpaste an den isolierten Kupferelementen befestigt, ihre Außenseite ist mit einem wassergekühlten Aluminiumblock kontaktiert. Die Wasserkühlung sorgt dafür, dass die Außenseiten der Peltier-Elemente eine konstante Temperatur aufweisen, dieses isotherme Wärmebad aber eine kleine lokale Bauweise besitzt. Die Temperatur der Kupferelemente wird durch einen PT100- und einen PT1000-Thermowiderstand ausgelesen. Die genutzte thermoelektrische Steuerungseinheit war nur kompatibel mit einem PT100-Thermowiderstand. Der PT1000-Thermowiderstand ermöglicht dagegen eine genauere Ist-Wert-Auslesung der Temperatur. Abbildung 4.9b und c zeigen die Explosionszeichung der Temperaturküvette und den fertigen Aufbau. Abbildung 4.10 zeigt eine Bildserie, aufgenommen mit einer thermographischen Kamera, bei der die Temperatur um 10 °C geändert wurde. Man erkennt gut den Wärmetransport durch die Kupferelemente und dass die Entwicklung der Temperatur der Flüssigkeit durch den langsameren Wärmetransport zeitlich etwas zurück bleibt. Die Temperaturentwicklung wurde daher in der Mitte der Küvette, im direkten Vergleich zur Temperaturentwicklung an dem Kupferelement, gemessen. Es zeigte sich, dass sie bis auf eine zeitliche Verzögerung von 10 s gleich waren.

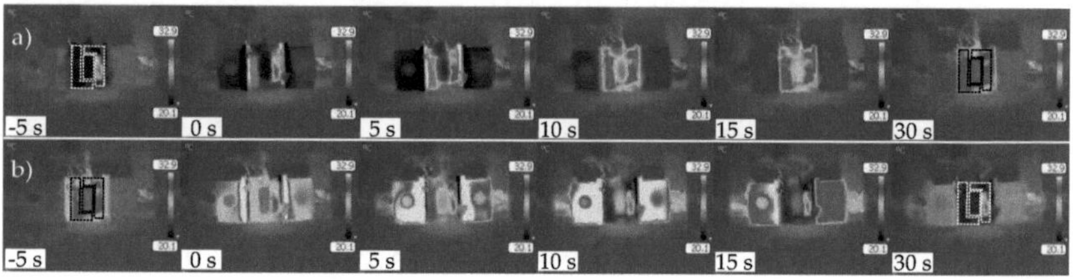

Abbildung 4.10: *Thermographische Bilder der Küvette in Frontansicht: a) Bei einem Heizvorgang. b) Bei einem Kühlvorgang. Die Temperaturskalen sind in allen Bildern gleich. Der Zeitpunkt der Aufnahme in Bezug auf den Start der Temperaturänderung ist jeweils vermerkt. Sowohl die Glasküvette, als auch die Kupferelemente sind in den ersten Bildern durch den gestrichelten Umriss gekennzeichnet.*

4.2.2 Interferometrisches Nachweisverfahren

In dieser Arbeit wurde ein Mach-Zehnder-Interferometer benutzt, dessen Aufbau in Abbildung 4.11 skizziert ist. Der Aufbau geht auf Vorarbeiten innerhalb der Arbeitsgruppe zurück, bei denen die elektrooptischen Effekte in Polymeren untersucht wurden [88]. Das Mach-Zehnder-Interferometer ist im Gegensatz zu einem Michelson-Interferometer unempfindlicher auf die Parallelität der Endfenster der Küvetten und erleichtert somit die experimentelle Durchführung.

Als Lichtquelle dient ein frequenzverdoppelter Dauerstrich-Nd:YAG-Laser mit $\lambda = 532\,\mathrm{nm}$ und $60\,\mathrm{mW}$ Maximalleistung, wobei $12\,\mathrm{mW}$ Leistung für die interferometrischen Messungen verwendet wird. Die Polarisationsrichtung des Laserlichts wird mit Hilfe einer Halbwellenplatte gedreht. Anschließend wird der Polarisationsgrad des Lichts durch einen Polarisator erhöht. Der Strahl wird durch einen Strahlteilerwürfel in zwei Teilstrahlen aufgeteilt. Ein Teilstrahl durchläuft in dem so genannten „Probenarm" eine Nanokristall-Suspension-gefüllte Küvette. Der andere Teilstrahl durchläuft den so genannten „Referenzarm". Beide Strahlen werden dann durch einen zweiten Strahlteilerwürfel zusammengeführt und interferieren. Aus dem Interferenzmuster wird durch eine Lochblende ein kleiner Ausschnitt selektiert, und dieser fällt auf eine Photodiode.

Für die weiteren Betrachtungen ist es unerheblich, welche Lichtpolarisation eingestellt wird. Hier wird die Auswertung anhand der Lichtpolarisation parallel zum elektrischen Feld behandelt, sie gilt aber analog auch senkrecht dazu. Für die Intensität an einem Ausgang des Interferometers gilt

$$I(\phi_{\|}) = \frac{I_{0\|}}{2}(1 + \cos\phi_{\|}), \tag{4.24}$$

wobei $\phi_{\|}$ die Phasendifferenz zwischen Referenz- und Probenarm bezeichnet. Die Eingangsintensität des Laserlichts ist gegeben durch $I_{0\|}$. Um die Phasendifferenz komplett durchzufahren, also jede relevante Weglängendifferenz zu erfassen, wird die Länge des Probenarms durch einen auf einem Piezotranslator befestigten Spiegel periodisch variiert. Die Translation ist getrieben durch eine Sägezahn-förmige Spannung an dem Piezoaktuator, die die Weglänge um wenige Wellenlängen verändert. Durch die Sägezahn-Form ist sichergestellt, dass der Spiegel bei jeder Messung die optische Weglänge definiert in eine Richtung ändert. Für dieses Experiment führte der Spiegel während einer Messung immer zu einer Verkürzung der optischen Weglänge im Probenarm. Die Translation erzeugt nach Gl. 4.24 eine kosinusförmige Intensitätsmodulation $I^{(1)}(t) = I_0/2\,(1 + \cos[\phi(t)])$ der Frequenz $\tilde{f}$ auf der Photodiode.

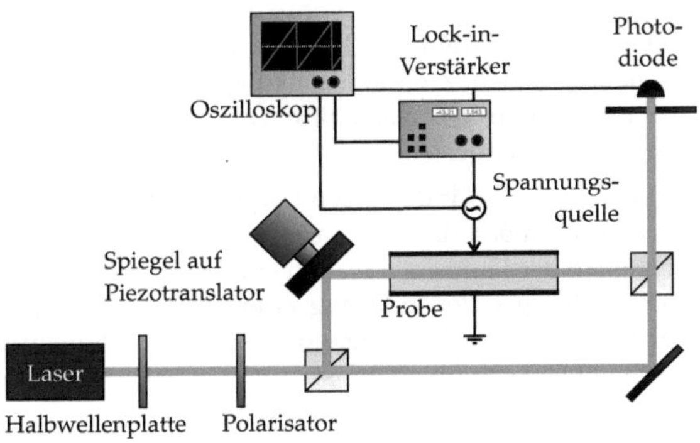

Abbildung 4.11: *Schematische Zeichnung des Mach-Zehnder-Interferometers und der Schaltung der Auswerte-Elektronik. Eine genaue Beschreibung der Komponenten erfolgt im Text.*

Wird nun ein periodisches, sinus förmiges, elektrisches Wechselfeld der Frequenz $f \gg \tilde{f}$ an die Suspension angelegt, so richten sich auch die Nanokristalle periodisch aus. Diese Ausrichtung führt nun zu der beschriebenen Brechungsindexänderung parallel bzw. senkrecht zum Feld. Diese macht sich bemerkbar durch eine periodische Verschiebung der Phase des Lichts des Probenarms, woraus eine zweite Intensitätsmodulation $I^{(2)}(t)$ resultiert, die die erste überlagert. Diese zweite Modulation wird mit der doppelten Frequenz $2f$ des elektrischen Wechselfeldes erfolgen, da die Brechungsindexänderung unabhängig vom Vorzeichen dieses Feldes ist. Daher muss der mit der Photodiode verbundene Lock-in-Verstärker auch auf die zweite Harmonische der Frequenz des elektrischen Feldes eingestellt sein.

Das Signal der Photodiode enthält nun zwei Informationen: Einen niederfrequenten Anteil (in den Experimenten mit etwa 0,2 Hz), verursacht durch die Spiegeltranslation, und eine hochfrequente Modulation (in den Experimenten mit etwa 1 kHz), verursacht durch das elektrische Feld. Beide werden gleichzeitig aufgezeichnet. Die zweite Intensitätsmodulation $I^{(2)}(t)$ lässt sich ebenso mit Hilfe Gl. 4.24 berechnen:

$$I^{(2)}(t) = \frac{dI}{d\phi}\Delta\phi = -\frac{I_0}{2}\sin[\phi(t)]\,\Delta\phi(t) \tag{4.25}$$

Hier wurde ausgenutzt, dass die Intensitätsmodulation durch die Spiegeltranslation sehr langsam gegenüber der Modulation des externen Feldes ist, also als quasistatisch angenommen werden kann. Ferner wird die Phasenänderung $\Delta\phi(t)$ durch die Partikelorientierung klein sein. Der Lock-in-Verstärker wird nun bei geeigneter Wahl der Zeitkonstante folgendes Signal auf den beiden Ausgangskanälen anzeigen:

$$\vec{I}_{\text{sig}}(t) = \begin{pmatrix} X(t) \\ Y(t) \end{pmatrix} = \frac{I_0}{2} \sin\left[\phi(t)\right] \Delta\phi_0 \begin{pmatrix} \cos\delta \\ \sin\delta \end{pmatrix}. \tag{4.26}$$

Der Signalvektor $\vec{I}_{\text{sig}}(t)$ setzt sich aus den Signalanteilen im X- bzw. Y-Kanal zusammen. Dabei ist durch δ die Phasenverschiebung zwischen dem elektrischem Feld und der Partikelantwort gegeben. Es bezeichnet $\Delta\phi_0$ die Amplitude der Phasenmodulation aufgrund der feldinduzierten Doppelbrechung. Eine Vorzeichenänderung der Brechungsindexänderung hat eine Vorzeichenänderung von $\Delta\phi_0$ zur Folge. Damit kann zwischen zwei Messungen festgestellt werden, welche relativen Vorzeichen die Brechungsindexänderungen zueinander hatten. Zur Veranschaulichung ist in Abbildung 4.12 die langsame Intensitätsmodulation, verursacht durch den Piezotranslator und die X-Komponente des Signalvektors dargestellt.

Das relative Vorzeichen der Brechungsindexänderungen parallel und senkrecht zum elektrischen Feld ist dadurch bestimmbar, dass die Lage der Minima und Maxima des Signalvektors $\vec{I}_{\text{sig}}(t)$ bezüglich der Flanken von $I^{(1)}(t)$ betrachtet wird: Ein unterschiedliches Vorzeichen der Brechungsindexänderung zweier Messungen hat zur Folge, dass $\vec{I}_{\text{sig}}(t)$ im einen Fall maximal auf den steigenden Flanken und im anderen Fall maximal auf den fallenden Flanken von $I^{(1)}(t)$ ist.

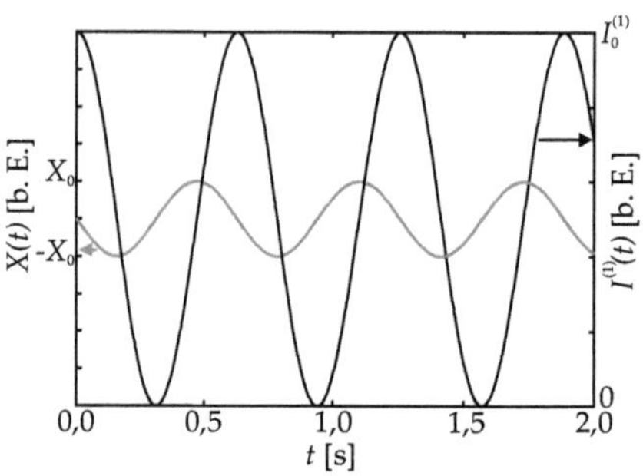

Abbildung 4.12: *Die langsame Spiegeltranslation hat eine Intensitätsmodulation der Frequenz $\tilde{f}$ mit dem Maximalwert $I_0^{(1)}$ zur Folge. In grau wird der Ausgangswert des X-Kanals des Lock-in-Verstärkers aufgetragen. Die Lock-in-Signale werden auf den steigenden Flanke der langsamen Intensitätsmodulation maximal.*

Neben der eigentlich zu untersuchenden Brechungsindexänderung aufgrund der Partikelorientierung in der Suspension kann es beim Anlegen eines elektrischen Feldes zu störenden Effekten kommen, wie z. B. eine Doppelbrechung hervorgerufen durch den Kerr-Effekt der Trägerflüssigkeit. Diese Untergrundeffekte erzeugen einen zweiten Signalvektor $\vec{I}_{\text{unt}}(t)$.

$$\vec{I}(t) = \vec{I}_{\text{sig}}(t) + \vec{I}_{\text{unt}}(t). \tag{4.27}$$

Das Messsignal $\vec{I}(t)$ wird also eine Überlagerung des gesuchten Signalvektors $\vec{I}_{\text{sig}}(t)$ und des Untergrundvektors $\vec{I}_{\text{unt}}(t)$ sein. Untergrundmessungen mit der reinen Trägerflüssigkeit ermöglichen also eine Korrektur des Messergebnisses.

Nach Berücksichtigung der Korrekturen kann dann die aus der Partikelorientierung resultierende Phasenverschiebung und daraus wiederum die resultierende Brechungsindexänderung für Lichtpolarisationen parallel und senkrecht zum elektrischen Feld berechnet werden.

$$\begin{aligned} \Delta\phi_{i,0} &= \frac{2|\vec{I}^{\text{Max}}_{\text{sig},i}|}{I_0} \\ \Rightarrow \Delta n_{i,0} &= \frac{\lambda}{2\pi L_{\text{k}}} \frac{2|\vec{I}^{\text{Max}}_{\text{sig},i}|}{I_0} \quad \text{mit } i = \{\perp, \parallel\} \end{aligned} \tag{4.28}$$

Hier bezeichnet L_{k} die Länge der Küvette im Probenarm und λ die Wellenlänge des verwendeten Lichts.

Dieses Nachweisverfahren zeichnet sich durch eine hohe absolute Auflösung der feldinduzierten Brechungsindexänderung aus. Die zeitliche Auflösung ist jedoch begrenzt: Zum einen muss die optische Weglänge des Probenarms variiert werden, um an den Arbeitspunkten in den Flanken des Photodiodensignals messen zu können. Zum Anderen muss das System in dieser Position lang genug verbleiben, damit der Lock-in-Verstärker dort Daten über mehrere Oszillationsperioden des externen Felds hinweg sammeln kann. Diese beiden Anforderungen haben zusammen zur Folge, dass die erreichbare Messfrequenz etwa 0,1 bis 0,5 Hz beträgt. Dies ist unter Umständen zu langsam für schnelle Änderungen der Ausrichtungsdoppelbrechung, ausgelöst durch den pyroelektrischen Effekt. Des Weiteren würden evtl. auftretende Temperaturgradienten oder Konvektionsströme innerhalb der Suspension zu einem Strahlversatz im Probenarm führen, was für die interferometrische Messung problematisch sein kann.

Um den Messuntergrund zu charakterisieren wird eine Messreihe mit einer Küvette ausgeführt, die mit einer Heptan-Ölsäure-Mischung gefüllt ist. Dabei wird bei einer festen elektrischen Feldamplitude der Untergrundvektor $\vec{I}_{\text{unt}}(t)$, also die scheinbare Brechungsindexänderung der leeren Küvette, gemessen. Es wird zunächst die Anregungsfrequenz variiert, um einen eventuellen Einfluss mechanischer Resonanzen der Küvette auszuschließen. Es zeigt sich unterhalb von 2,0 kHz keine signifikante Reaktion der Küvette. Daher wird für alle weiteren Messungen mit dem interferometrischen Aufbau $f = 1{,}2$ kHz als Anregungsfrequenz gewählt.

Darüber hinaus wurde der feldabhängige Untergrundvektor einer Heptan-Ölsäure-Mischung quantifiziert. Es zeigte sich eine quadratische Feldabhängigkeit des Betrags des Untergrunds. Die scheinbare Brechungsindexänderung hat, bei paralleler und senkrechter Lichtpolarisation, das gleiche, positive, Vorzeichen und den gleichen Betrag. Ihr Betrag ist z. B. bei 3,0 V/µm etwa $\Delta n = 2 \times 10^{-9}$ in beiden Richtungen. Es bildet sich ohne Partikel keine nennenswerte feldinduzierte Doppelbrechung aus. Mit diesem Wissen der Untergrundvektoren können alle Messungen mit Nanokristallen um den Untergrund korrigiert werden.

4.2.3 Bestimmung des Vorzeichens der Brechungsindexänderung

Die absoluten Vorzeichen der jeweiligen feldinduzierten Brechungsindexänderungen müssen bestimmt werden, um eine klare Aussage über das dominierende Dipolmoment - induziert oder permanent - der Ausrichtung der Nanokristalle treffen zu können. Das Lock-in-Messverfahren kann hier zumindest die relativen Vorzeichen bestimmen. Aber da die Messung bei der zweiten Harmonischen der Anregung stattfindet und die Brechungsindexänderung keinen Nulldurchgang aufweist, erlaubt dieses Messverfahren, ohne Annahmen über die Reaktionszeit der Nanopartikel, keine absolute Angabe des Vorzeichens der Brechungsindexänderung. Um das absolute Vorzeichen der Brechungsindexänderung zu bestimmen, muss auf die Lock-in-Verstärkung verzichtet werden. Es wird weiterhin das gleiche Mach-Zehnder-Interferometer genutzt, die von der Photodiode detektierte Intensitätsänderung wird nun aber direkt mit Hilfe eines Oszilloskops ausgelesen. Die Pulszüge des elektrischen Felds bestehen deshalb aus jeweils zwei Schwingungen mit einer 0,4-ms Schwingungsdauer und einer Amplitude $E = 2\ \mathrm{V}/\mu\mathrm{m}$. Die Nutzung eines Pulszugs hat den Vorteil, dass die Basislinie vor- und nachher die Auswertung des Vorzeichens ermöglicht.

Der Piezoaktuator verkürzt weiterhin bei jeder Messung die optische Weglänge und erzeugt so eine sinus förmige Modulation der detektierten Intensität. Löst man nun genau auf den fallenden Flanken der Intensitätsmodulation den Pulszug aus, so wird das absolute Vorzeichen der Brechungsindexänderung erkennbar. Es ergibt sich direkt aus der Wirkung, die das Anlegen des Feldes hat, im Vergleich zu der Wirkung, die die Verkürzung des optischen Weges in diesem Moment hatte. Abbildung 4.13 stellt dies schematisch dar: Eine positive Brechungsindexänderung führt zu einer Verlängerung der optischen Weglänge: der Pulszug stellt sich positiv dar.

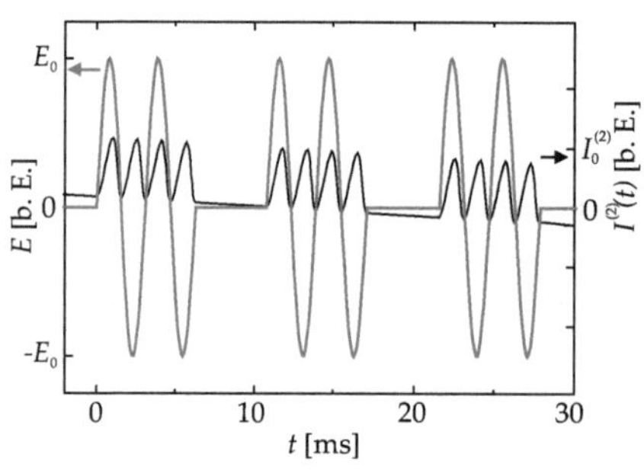

Abbildung 4.13: *Messsignal beim Anlegen von Pulszügen des elektrischen Feldes E(t) an die Küvette. Die Pulszüge sind in grau gezeichnet. Die resultierende Intensitätsmodulation $I^{(2)}(t)$ ist in schwarz dargestellt. Hier wurde der Pulszug auf der fallenden Flanke des Interferenzmusters ausgelöst. Die feldinduzierte Brechungsindexänderung wurde mit einem positiven Vorzeichen angenommen. Der Spiegel mm Probenarm führt zu einer Verkürzung des optischen Wegs über die Zeit.*

4.2.4 Gekreuzte Polarisatoren als Nachweisverfahren

Der Aufbau mit gekreuzten Polarisatoren ist schematisch in Abb. 4.14 dargestellt. Seine zeitliche Auflösung wird nur durch die Frequenz des elektrischen Wechselfelds begrenzt, zudem ist dieses Nachweisverfahren relativ stabil gegenüber einer Beeinflussung durch Konvektionsströme. Als Lichtquelle dient ein He-Ne-Laser, der 10 mW rotes Licht der Wellenlänge 633 nm emittiert. Eine Linse fokussiert das Licht so, dass der Fokus genau in der Mitte der Küvette liegt. Durch die vor dem Polarisator stehende Viertelwellenplatte wird sichergestellt, dass hinter dem nachgeschalteten linearen Polarisator immer die gleiche Lichtleistung in die Küvette eingestrahlt wird. Es wird ausschließlich die temperaturgesteuerte Küvette verwendet. Im Strahlengang steht vor dem Analysator ein Strahlteiler, der eine Kontrolle der Lichtleistung ermöglicht. Die durch den Analysator transmittierte Lichtleistung wird durch eine weitere Photodiode detektiert, eine Lochblende minimiert das Streulicht. Es zeigte sich bei Tests mit reinem Heptan, dass Heizen zu einer Fokussierung des Strahls führt, Kühlen zu einer Defokussierung. Dies ist auf den lateralen Temperaturgradienten in der Flüssigkeit zurückzuführen. Eine signifikante Strahlpositions- oder Transmissionsänderung war erst nachzuweisen, wenn die Probe in einem Schritt um mehr als 5 °C geheizt oder gekühlt wird. Es ist nicht möglich, die Temperatur in der Suspension so homogen zu senken, wie sie erhöht werden kann. Dies, zusammen mit der Defokussierung, führt dazu, dass die Messungen bei einem Kühlen der Probe ein höheres Rauschen aufweisen.

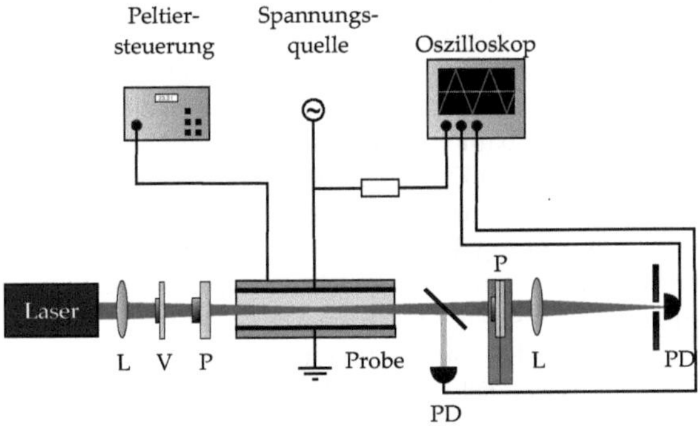

Abbildung 4.14: *Schematische Darstellung des Aufbaus mit gekreuzten Polarisatoren zur Messung feldinduzierter Brechungsindexänderungen. L: Linsen; V: Viertelwellenplatte; P: Polarisatoren; PD: Photodioden. Der erste Polarisator und die Viertelwellenplatte sorgen dafür, dass die Lichtleistung in der Küvette unabhängig von der nachfolgenden Polarisatorstellung ist.*

Die feldinduzierte Doppelbrechung der Suspension sorgt für eine unterschiedliche Retardierung der Lichtanteile parallel und senkrecht zum elektrischen Feld. Auch hier wird die registrierte Brechungsindexänderung eine Periode von $2f$ aufweisen, wenn das anregende elektrische Feld eine Frequenz von f besitzt. Die eingestrahlte Lichtpolarisation, solange sie nicht genau parallel oder senkrecht zum elektrischen Feld ist, wird durch diese Retardierung gedreht und führt zu einer geänderten Transmission durch den Analysator. Dabei bezeichnet χ_h den Winkel zwischen den Polarisatorachsen und dem Hauptachsensystem der Brechungsindexänderung.

Da die Brechungsindexänderung direkt mit der Ausrichtung der Partikel zusammenhängt, wird das Hauptachsensystem der Doppelbrechung durch die Richtung des elektrischen Feldes definiert. Die detektierte Intensitätsänderung hinter dem Analysator lässt sich in Abhängigkeit von χ_h und der Retardierung $\Gamma = 2\pi/(\lambda L_\mathrm{k}(n_\parallel - n_\perp))$ beschreiben als

$$I\left(\chi_\mathrm{h}, \Gamma(t)\right) = I_0 \sin^2\left(2\chi_\mathrm{h}\right) \sin^2\left(\Gamma(t)/2\right). \tag{4.29}$$

Die Modulation des Messsignals wird maximal, wenn der Winkel zwischen Polarisatorachse und den elektrischen Feldlinien $\chi_\mathrm{h} = 45°$ beträgt. Eine Änderung der Dipolmomente der Nanokristalle, z. B. durch den pyroelektrischen Effekt bei Temperaturänderung, führt zu einer zeitabhängigen Änderung der Brechungsindexänderung bei einem gegebenen elektrischen Feld.

Da alle Änderungen der Doppelbrechung, und damit der Retardierung, gering sind, kann Gl. 4.29 für kleine Γ Taylor-entwickelt werden. Damit wird das $\sin(\Gamma(t)/2)$ durch sein Argument ersetzt. Die Berechnung der Doppelbrechung $\eta = (n_\parallel - n_\perp)$ aus der gemessenen Intensitätsänderung vereinfacht sich dadurch zu

$$\Delta\eta(t) = \arcsin\left(2\chi_\mathrm{h}\right) \frac{\lambda}{\pi L_\mathrm{k}} \sqrt{\frac{I\left(\chi_\mathrm{h}, \Gamma(t)\right)}{I_0}}. \tag{4.30}$$

Es wurden Referenzmessungen mit Hilfe einer Partikel-losen Heptan-Ölsäure-Mischung durchgeführt. Insbesondere wurde das Verhalten des Messsystems bei Temperaturänderung untersucht. Hier zeigt sich, dass der Aufbau bei einer Temperaturänderung dazu führt, dass die Endgläser der Küvette sich verspannen, so dass es zu einer zusätzlichen, langsam veränderlichen Spannungsdoppelbrechung kommt. Diese Spannungsdoppelbrechung baut sich während der Temperaturänderung auf und relaxiert teilweise, nachdem die Endtemperatur erreicht wurde, in einem Zeitraum von 10 bis 40 Sekunden. Die Hauptachsen der Spannungsdoppelbrechung ändern dabei teilweise ihre Ausrichtung. Das bedeutet, dass keine analytische Berücksichtigung dieser Untergrund-Retardierung des Lichtes möglich ist; sie muss während einer jeglichen Messung direkt ausgelesen werden. Dies geschieht dadurch, dass das Transmissionssignal immer für den ganzen Spannungsdurchgang aufgezeichnet wird. Verschwindet das elektrische Feld während des Nulldurchgangs der Spannung, so retardiert zu diesem Zeitpunkt nur die Spannungsdoppelbrechung das Licht und wird dadurch nachweisbar. Allein hieraus ist ihr Vorzeichen, relativ zu der Ausrichtungsdoppelbrechung, nicht zu bestimmen. Allerdings kann das Vorzeichen im Nachhinein bestimmt werden: Haben die beiden Doppelbrechungen unterschiedliche Vorzeichen so wird die Partikelausrichtung die Spannungsdoppelbrechung erst einmal kompensieren. Das führt zu einem Nulldurchgang des Messignals bei $|E| \neq 0$ V. Haben sie das gleiche Vorzeichen, so wird das Messsignal niemals einen Nulldurchgang haben. Die reale Ausrichtungsdoppelbrechung kann also bestimmt werden, indem die Doppelbrechung bei $|E| = 0$ V und das elektrische Feld bei $\Gamma = 0$ bestimmt werden. In dem Fall, dass Spannungs- und Ausrichtungsdoppelbrechung gegeneinander wirken, ist beides für jeden einzelnen Messdurchgang möglich.

Für einen Messdurchgang wurden acht Feldoszillationen gemittelt. Mit einer Oszillationsdauer von etwa 10 ms dauert ein gesamter Messdurchgang etwa 100 ms, innerhalb dieser Zeit ändert sich die Spannungsdoppelbrechung nicht signifikant, so dass in jedem Messdurchgang tatsächlich die relevante Doppelbrechung bestimmt wird. Experimentell konnte ein solcher Messdurchgang pro Sekunde ausgelesen werden, da die begrenzte Bandbreite des Datentransfers eine höhere Ausleserate verhinderte. Der Vorteil der gekreuzten Polarisatoren gegenüber der Lock-in-Verstärkung bleibt jedoch bestehen: Der Messdurchgang selbst ist etwa zehnmal schneller.

4.3 Experimentelle Ergebnisse

4.3.1 Vorzeichen der Brechungsindexänderung

Ein aufgezeichnetes Signal zur Bestimmung der Vorzeichen der Brechungsindexänderung, mit der Lichtpolarisation jeweils parallel und senkrecht zum elektrischen Feld, findet sich in Abb. 4.15. Es sind jeweils die detektierte Intensität, die anliegende Feldstärke und die extrapolierte fallende Flanke der Intensität aufgetragen. Wie erwartet ist auf dem eigentlich linearen Abfall der Intensität ein Signal aufmoduliert, welches vom Betrag des oszillierenden elektrischen Feldes abhängt. Bei paralleler Lichtpolarisation ist eine positive Änderung zu erkennen und bei senkrechter Lichtpolarisation eine negative. Mit dem Wissen, dass die fallende Flanke durch eine Verkürzung des Probenarmes erzeugt wird, kann man nun auf die absoluten Vorzeichen der Brechungsindexänderungen schließen: Mit paralleler Lichtpolarisation wird der optische Weg verlängert, mit senkrechter Lichtpolarisation wird der optische Weg verkürzt. Also ist im ersten Fall das Vorzeichen positiv, im zweiten Fall negativ. Das bedeutet, dass die Ausrichtung der Nanokristalle hier durch die induzierten Dipolmomente dominiert wird; die c-Achse der Kristalle dreht sich in die Ebene senkrecht zum elektrischen Feld.

4.3.2 Feldinduzierte Doppelbrechung: Interferometrische Messung

Abbildung 4.16 zeigt ein typisches Messsignal einer V2-Nanokristall-Suspension, in diesem Fall ist die Lichtpolarisation parallel zum elektrischen Feld. Die Maxima des X- und Y-Anteils des Lock-in-Signals liegen wie erwartet auf einer der Flanken des Photodiodensignals, hier auf der steigenden Flanke. Hier nicht gezeigt ist das Messsignal bei senkrechter Lichtpolarisation; es sieht analog aus, nur liegen hier die Maxima der beiden Lock-in-Signale auf der fallenden Flanke des Photodiodensignals. Die Brechungsindexänderungen parallel und senkrecht zum elektrischen Feld haben unterschiedliche Vorzeichen, in Übereinstimmung mit dem Ergebnis aus dem

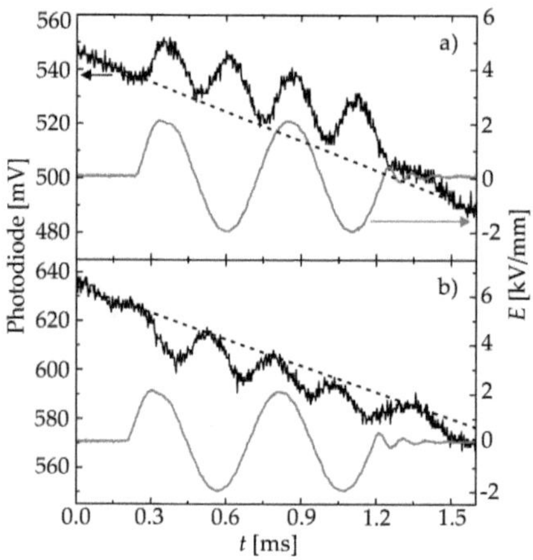

Abbildung 4.15: *Direktes Messsignal einer V2-Probensuspension zur Vorzeichenbestimmung der feldinduzierten Brechungsindexänderungen. Die schwarze Linie kennzeichnet das Photodiodensignal, in grau ist der Pulszug des elektrischen Felds dargestellt. Die gestrichelte Linie zeigt die extrapolierte fallende Flanke des Photodiodensignals; der Piezospiegel verkürzt den Probenarm. a) Lichtpolarisation parallel zum elektrischen Feld. b) Lichtpolarisation senkrecht zum elektrischen Feld.*

vorigen Abschnitt. Die Amplituden der Signalvektoren werden für die verschiedenen Volumenkonzentrationen bei Feldstärken zwischen 0 und 3 $V/\mu m$ bestimmt. Der messtechnische Untergrund, ausgelöst durch die Trägerflüssigkeit (charakterisiert in Kap. 4.2.2), erweist sich im Vergleich zu den Partikeleffekten als gering: Selbst die niedrigst-konzentrierte Probensuspension V4 zeigt eine Antwort, die um eine Größenordnung größer ist. Die maximal erreichbare Genauigkeit bei der Bestimmung der feldinduzierten Brechungsindexänderungen liegt in der Größenordnung von $\delta\Delta n = 10^{-11}$.

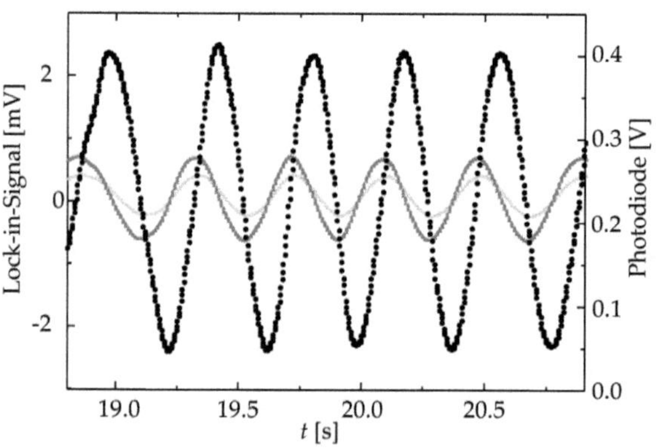

Abbildung 4.16: *Typisches Signal der interferometrischen Messung der feldinduzierten Doppelbrechung der V2-Probensuspension. Die Lichtpolarisation ist hier parallel zum elektrischen Feld, mit einer $E = 0{,}4$ V/µm-Amplitude und einer Frequenz von $f = 1{,}2$ kHz. Die schwarzen Markierungen zeigen das Photodiodensignal. In grau und hellgrau sind jeweils der X- und Y-Kanal des Lock-in-Signals dargestellt.*

Die Ergebnisse der Brechungsindexänderungen der Suspensionen V1 bis V4 sind in Abb. 4.17a dargestellt. Abbildung 4.17b zeigt die Doppelbrechung $\eta = \Delta n_\parallel - \Delta n_\perp$ in doppelt-logarithmischer Darstellung. Es fällt auf, dass $\Delta n_\parallel$ betragsmäßig etwa doppelt so groß ist, wie $\Delta n_\perp$ und dass beide Lichtpolarisationsrichtungen eine quadratische Feldabhängigkeit der Doppelbrechung aufweisen. Die Brechungsindexänderungen liegen im Bereich 10^{-10} bis 10^{-8}. Das quadratische Verhalten wird in der doppelt-logarithmischen Auftragung besonders deutlich. Mit 3 V/µm ist also die elektrische Feldstärke noch nicht groß genug, damit eine Ausrichtungssättigung erreicht wird. Außer für $E = 0$ V/µm ist kein weiterer Nulldurchgang der Messkurven erkennbar. Das bedeutet, dass, wenn die Partikel ein permanentes Dipolmoment aufweisen, dieses sehr klein sein muss. Sobald die Brechungsindexänderung messbar wird, zeigt sie eine Dominanz der induzierten Dipole.

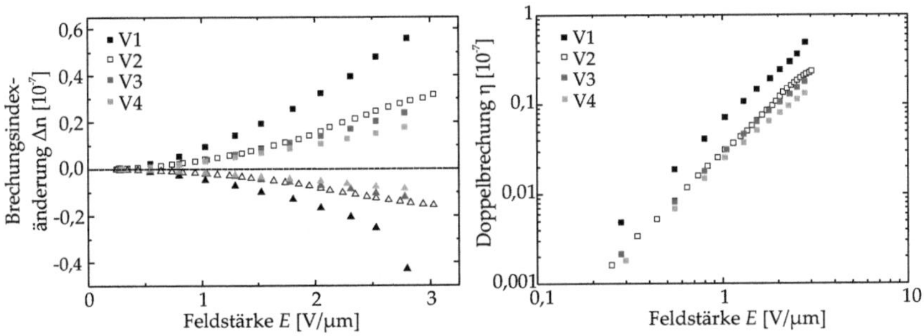

Abbildung 4.17: *a) Feldabhängige Brechungsindexänderung der Probensuspensionen V1 bis V4. Die Frequenz des elektrischen Wechselfelds beträgt $f = 1{,}2$ kHz. Die Quadrate markieren die Brechungsindexänderungen $\Delta n_\parallel$ parallel zum elektrischen Feld, die Dreiecke die Brechungsindexänderungen $\Delta n_\perp$ senkrecht zum elektrischen Feld. b) Resultierende feldabhängige Doppelbrechung η in doppelt-logarithmischer Darstellung.*

Wie aus Abb. 4.17a ersichtlich, skalieren die Antworten der unterschiedlichen Suspensionen mit ihrer Partikelkonzentration; V1 zeigt die größte Anwort, V4 die niedrigste. Die Messdaten liegen in Abb. 4.17b auf Geraden, die parallel verschoben sind. Um dieses Skalierungsverhalten quantitativ auszuwerten, wurden die Brechungsindexänderungen bei den Feldstärken $E = 0{,}8$ V/µm, $E = 1{,}3$ V/µm und $E = 1{,}8$ V/µm für die vier Partikelkonzentrationen ausgewertet, was in Abb. 4.18 dargestellt ist. Es zeigt sich, dass tatsächlich eine lineare Skalierung der Antwort mit der Partikelkonzentration vorliegt, da sie alle auf Ursprungsgeraden liegen. Das bedeutet, dass bei diesen Konzentrationen noch keine Partikel-Partikel-Wechselwirkungen vorliegen und nur die Einzelpartikelausrichtung nachgewiesen wurde.

4.3.3 Feldinduzierte Doppelbrechung: Gekreuzte Polarisatoren

Abbildung 4.19 zeigt das angelegte elektrische Feld und zwei typische Transmissionssignale für Messdurchgänge bei zwei verschiedenen Temperaturen. Die Kurve bei 21 °C zeigt bei $E = 0$ keine Spannungsdoppelbrechung. Die Messkurve bei 24 °C

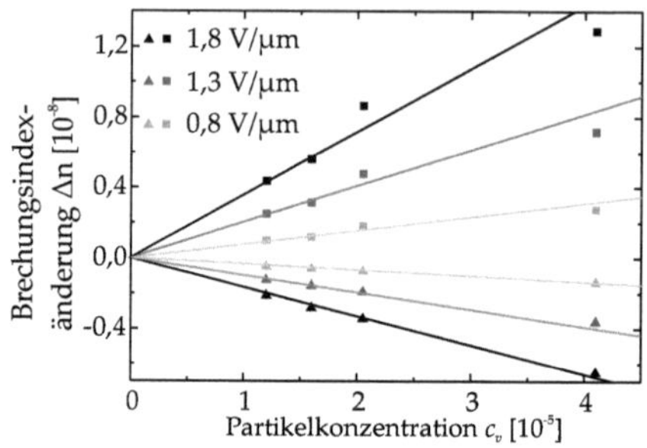

Abbildung 4.18: *Brechungsindexänderungen parallel (Quadrate) und senkrecht (Kreise) zum elektrischen Feld in Abhängigkeit vom Volumenanteil c_v der suspendierten Nanopartikel für verschiedene Feldstärken. Die Ursprungslinien sind lineare Anpassungen an die Messdaten.*

zeigt eine „W"-Form, charakteristisch dafür, dass die Spannungs- und Ausrichtungsdoppelbrechung gegeneinander wirken.

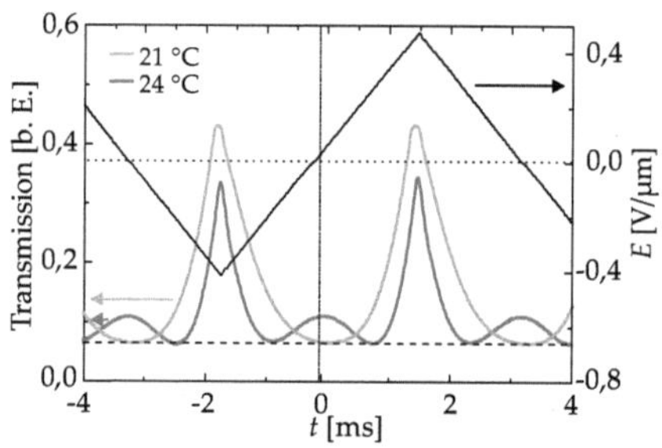

Abbildung 4.19: *Typisches Signal der Transmissionsänderung hervorgerufen durch die feldinduzierte Doppelbrechung zwischen den gekreuzten Polarisatoren einer VP-Probe. Die schwarze Linie stellt das anliegende elektrische Feld dar. Die hellgraue Linie zeigt die Transmissionsmessung bei 21 °C, die graue Linie bei 26 °C. Die Transmissionsänderung bei $E = 0$ V/µm entsteht durch eine Spannungsdoppelbrechung der Fenster bei Temperaturänderung.*

Nun wird die Antwort der VP-Suspension auf verschiedene Heiz- und Kühlvorgänge untersucht, bei einem elektrischen Feld, das zwischen $\pm 0{,}4$ V/µm variiert. Dazu wird jede Sekunde ein kompletter Messdurchgang und die aktuelle Temperatur ausgelesen. Abbildung 4.20a zeigt die detektierte Transmission als farbkodiertes Diagramm in Abhängigkeit von der Feldstärke und der Zeit, Abb. 4.20b zeigt die zeitabhängige Temperaturkurve. Bei dieser Messung wird die Temperatur von 22,5 auf 24,5 °C erhöht. Für die Temperaturkurve wird dabei die Zeitverzögerung zwischen gemessenem Temperaturverlauf und der Temperatur in der Flüssigkeit berücksichtigt. Die Heizrate $K(t)$ erhält man durch Differenzieren der Temperaturkurve, gezeigt in Abb. 4.20d. Bei dieser Messung wirkt die Spannungsdoppelbrechung gegen die Ausrichtungsdoppelbrechung. Die Messwerte bei $E = 0$ zwischen 10 und 40 s zeigen, dass sich während des Heizvorgangs eine „W"-Form der Messkurve ausbildet. Dieser Effekt wird durch die oben besprochene Korrektur eliminiert, und gemäß Gl. 4.30 werden die Transmissionswerte in Doppelbrechung umgerechnet. So erhält man die gesuchte Ausrichtungsdoppelbrechung, dargestellt in Abb. 4.20c.

Auf den ersten Blick ist das Ergebnis enttäuschend, da bei dieser Darstellung kein Einfluss des Heizens auf die Ausrichtungsdoppelbrechung bemerkbar ist. Es sind scheinbar nur die erwarteten $\eta \propto E^2$-Messkurven an jedem Zeitpunkt zu erkennen. Tatsächlich ist der zu beobachtende Effekt relativ gering, wie schon aus Kap. 4.1.4

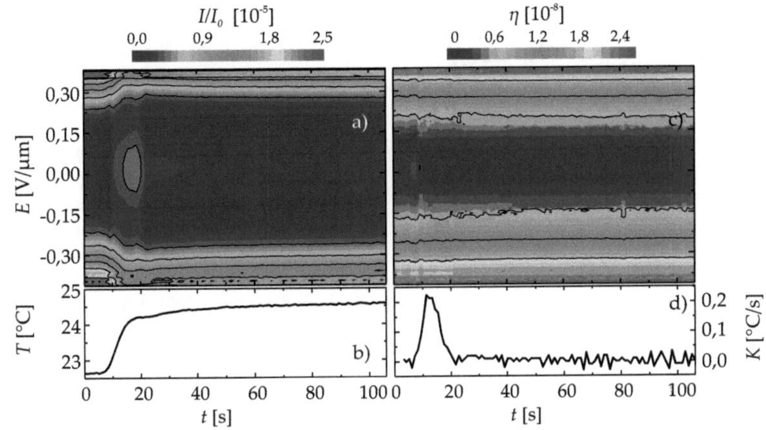

Abbildung 4.20: *Bestimmung des Einflusses des Heizens bei $\Delta T \approx 2$ °C einer VP-Probe. a) Zeit- und feldabhängige relative Transmission durch die gekreuzten Polarisatoren. Die Entwicklung der Spannungsdoppelbrechung ist entlang der $E = 0$ V/µm erkennbar. Die Auswertung muss darauf korrigiert werden. b) Temperaturverlauf während der Messung. c) Berechnete feldinduzierte Doppelbrechung η der Partikelsuspension, die Spannungsdoppelbrechung der Fenster ist berücksichtigt. d) Heizrate K, bestimmt durch Ableiten der Temperatur.*

zu erwarten war. Klarer wird er, wenn an jede Doppelbrechungskurve eine quadratische Funktion angepasst wird, um das Messrauschen innerhalb der Kurve zu kompensieren. Liest man dann den Wert der angepassten Doppelbrechung bei einer bestimmten Feldstärke aus, z. B. der maximalen Feldstärke $E = \pm 0{,}4$ V/µm, und stellt sie im direkten Vergleich zu der Heizrate dar, so ergibt sich Abb. 4.21. Es zeigt sich eine Korrelation zwischen der Doppelbrechung η und der Heizrate: Die Doppelbrechung sinkt bei dieser Messung genau dann um ca. 5% wenn die Heizrate maximal ist. Für diese Abbildung wurde eine Simulationskurve für Heizrate und Doppelbrechung gemäß dem Modell aus Kap. 4.1.4 berechnet und aufgetragen. Die effektiv wirkende Partikelkonzentration wurde auf $c_v = 1{,}2 \times 10^{-4}$ gesenkt, um die Basislinie der Doppelbrechung richtig einzustellen. Das ist zulässig, da in der Suspension mit $c_v = 1{,}5 \times 10^{-4}$ die Partikel agglomerieren, und Agglomerate nicht zur Doppelbrechung beitragen. Einziger weiterer freier Parameter ist die Kompensationszeit $\tau = 2{,}3$ s.

Diese Auswertung wurde nun für acht Heizvorgänge, mit dem jeweiligen ΔT zwischen $1{,}3$ und $5{,}5$ °C, und vier Kühlvorgänge, mit dem jeweiligen ΔT zwischen $-1{,}2$ und $-5{,}6$ °C, ausgewertet. Es wurden mehr Heiz- als Kühlvorgänge ausgewertet, da bei den Kühlvorgängen die Messdaten wesentlich verrauschter waren. Es zeigt sich, dass sowohl bei dem Heizen als auch beim Kühlen eine korrelierte Senkung der Doppelbrechung folgt. Für Abb. 4.22 wurden die kompletten Doppelbrechungsdaten gegen die Heizraten aufgetragen. Man erkennt den Zusammenhang zwischen

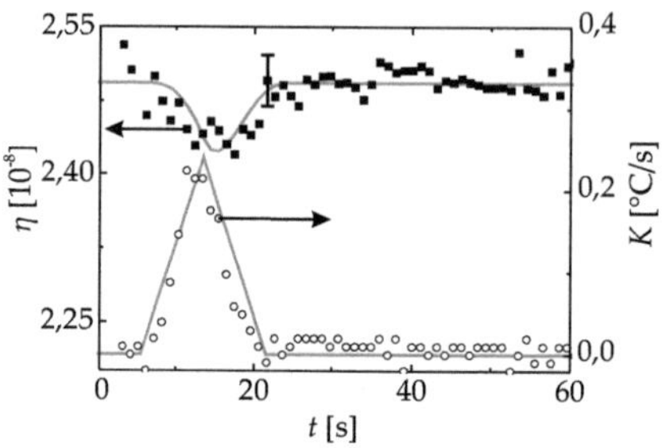

Abbildung 4.21: *Doppelbrechung η bei 0,4 V/µm und die Heizrate K gegen die Zeit; es ist die gleiche Messung, die auch in Abb. 4.20 dargestellt ist. Die Doppelbrechung und die Heizrate sind korreliert: Ein Heizen führt zu einer Senkung der Doppelbrechung. Sobald nicht mehr geheizt wird, geht die Doppelbrechung sofort auf den Ursprungswert zurück. Der Fehlerbalken gibt das Rauschen der Doppelbrechung an. Die grauen Kurven ergeben sich aus einer Simulation, gemäß dem in Kap. 4.1.4 vorgestellten Modell. Parameter sind $\tau = 2{,}3$ s und $c_v = 1{,}2 \times 10^{-4}$.*

Heizraten und Doppelbrechung. Je höher der Betrag der Heizrate ist, desto niedriger ist die Doppelbrechung; das Maximum liegt bei einer verschwindenden Heizrate. Der Effekt ist in absoluten Brechungsindizes niedrig, doch die Messgenauigkeit ist hier ausreichend. Das Messverfahren erreicht eine quasi-heterodyne Detektion dadurch, dass bei jedem einzelnen Messdurchgang die Ausrichtungsdoppelbrechung kontrolliert an- und abgeschaltet wird. Es spielen nur die Effekte eine Rolle, die mit dem Betrag des Anregungsfelds korreliert sind und eine Doppelbrechung erzeugen. Alle Feld-unkorrelierten Effekte werden durch die beschriebene Korrektur eliminiert oder gar nicht erst aufgezeichnet.

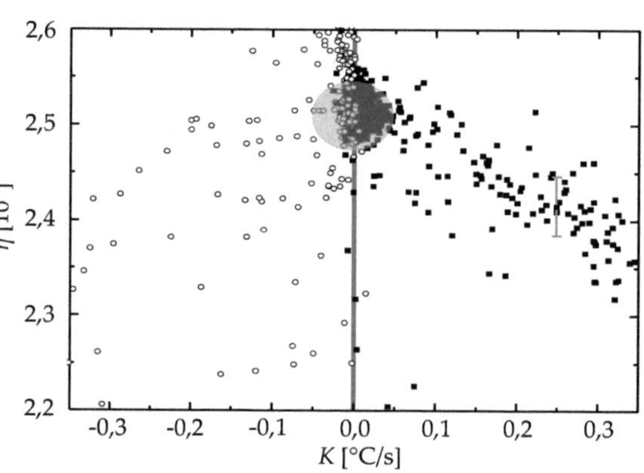

Abbildung 4.22: *Doppelbrechung η bei $E = 0{,}4$ V/µm gegen die Heizrate K einer VP-Probe. Die untersuchten Temperaturänderungen waren: 1,3 °C, 1,9 °C, 2,5 °C, 3,1 °C, 3,75 °C, 4,8 °C, 5,0 °C, 5,5 °C, sowie $-1{,}2$ °C, $-1{,}9$ °C, $-3{,}8$ °C und $-5{,}6$ °C. Die maximal erreichbare Heizrate ist $K = \pm 0{,}35$ °C/s. Der grau hinterlegte Bereich kennzeichnet das messbedingte Rauschen, ohne jegliche Temperaturänderung, der orange Balken das Rauschen der Doppelbrechung.*

4.4 Diskussion

4.4.1 Ausrichtung eines Ensembles bei konstanter Temperatur

Die Messungen zeigen, dass ein angelegtes elektrisches Feld in den Nanokristall-Suspensionen eine positive Brechungsindexänderung parallel zum elektrischen Feld zur Folge hat. Senkrecht zum elektrischen Feld ist eine negative Brechungsindexänderung nachweisbar. Anhand der Vorüberlegungen aus dem Kap. 4.1.4 kann eindeutig geschlossen werden, dass die induzierten Dipolmomente der Lithiumniobat-Nanokristalle die Ausrichtung bestimmen. Der erreichte Ausrichtungsgrad der Nanopartikel in der Suspension wird durch den erreichten Anteil der Sättigungsdoppelbrechung bestimmt. Diese ist durch Gl. 4.23 bestimmbar und beträgt bei $c_v = 2 \times 10^{-4}$ z. B. $\eta = 1{,}2 \times 10^{-6}$. Das bedeutet die Nanopartikel haben einen effektiven Ausrichtungsgrad von 20% bei $E = 3\,\mathrm{V/\mu m}$ erreicht. Da bei Feldstärken bis zu $3\,\mathrm{V/\mu m}$ kein weiterer Nulldurchgang der Brechungsindexänderung zu beobachten ist, muss das permanente Dipolmoment der Kristalle gering sein.

Trotz der Dominanz der induzierten Dipolmomente kann aus den Daten ein permanentes Dipolmoment der Nanokristalle abgeschätzt werden, was noch nicht zu Widersprüchen zwischen Theorie und Messdaten führt. Aus diesem permanenten Dipolmoment kann dann auf den Abschwächungsfaktor κ aus Gl. 4.6 geschlossen werden. Dazu werden Anpassungen an die Messdaten, mit Hilfe des Modells aus Kap. 4.1.4, erstellt. Da die Volumenkonzentrationen der Partikel gravimetrisch und die Größenverteilungen TE-mikroskopisch bestimmt sind, verbleibt in dem Modell als einziger freier Parameter der Abschwächungsfaktor κ.

Das Licht mittelt über viele Partikel, daher muss für die Auswertung nicht die Anzahl-Größenverteilung, sondern die Volumen-Größenverteilung genutzt werden. Diese berücksichtigt, dass größere Partikel, selbst wenn ihre Anzahl geringer ist, ein größeres relatives Volumen ausmachen und ist direkt aus der Anzahl-Größenverteilung zu berechnen. Die mittlere Kristallgröße der AG-Charge beträgt dann nicht 31 nm, sondern 40 nm, also wird $r = 20$ nm für die Anpassungen benutzt. Abbildung 4.23 zeigt die Daten mit den Modellkurven. Die Messdaten sind kompatibel mit den Kurven mit $\kappa = 0$, hier jeweils in schwarz gekennzeichnet. Die Summen der Fehlerquadrate erreichen ihre Minima für alle Kurven im Bereich zwischen $d^{(p)} = 0\,\mathrm{Cm}$ und $d^{(p)} = 3 \times 10^{-27}\,\mathrm{Cm}$, was für die Abschwächung einen Wert zwischen $\kappa = 0$ und $\kappa = 1{,}1 \times 10^{-4}$ bedeutet. Als Vergleich wurden auch die Modellkurven für $d^{(p)} = 10^{-26}\,\mathrm{Cm}$, also $\kappa = 3{,}3 \times 10^{-4}$, für die V1 und V4-Suspensionen dargestellt. Hier ist die Übereinstimmung sehr schlecht. Eine Abschwächung $\kappa = 1 \times 10^{-4}$ ist noch kompatibel, mit dem durch Piezokraft-Mikroskopie gewonnenen Wert des Abschwächungsfaktor. Diese Untersuchungen ergaben an Volumenkristallen und in Luft einen Abschwächungsfaktor $\kappa = 2 \times 10^{-4}$ [80].

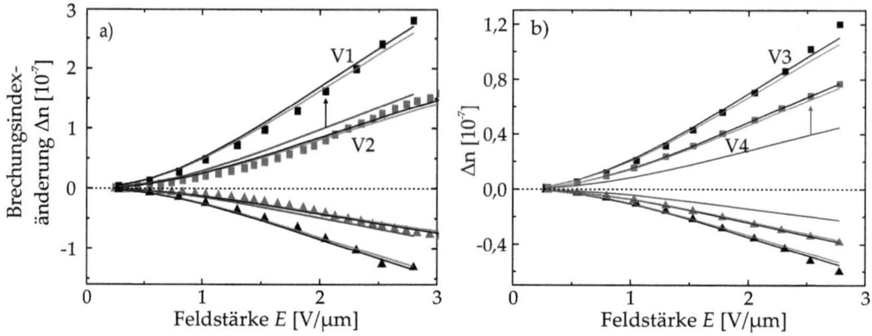

Abbildung 4.23: *Feldabhängige Brechungsindexänderung der Suspensionen mit ihren Modell-Kurven. Die schwarzen Kurven ergeben sich aus $\kappa = 0$, die orangen aus $\kappa = 1{,}1 \times 10^{-4}$ und die blauen aus $\kappa = 3{,}3 \times 10^{-4}$. Zu welchen Konzentrationen die blauen Kurven jeweils gehören, ist, wo nötig, durch den jeweiligen Pfeil gekennzeichnet. a) Suspensionen V1 und V2. b) Suspensionen V3 und V4.*

4.4.2 Ausrichtung eines Ensembles bei Temperaturänderung

Die gefundene Dominanz der induzierten Dipolmomente ist für viele Anwendungen unvorteilhaft, da dann die spontanpolarisierte Achse eine recht undefinierte Ausrichtung in der Ebene senkrecht zum elektrischen Feld aufweist. Wird durch den pyroelektrischen Effekt die Oberfläche der Kristalle elektrisch aufgeladen, so wird dadurch ein permanentes Dipolmoment entlang der c-Achse erzeugt. Dieses wird sich, zunächst durch eine verminderte effektive Ausrichtung des Ensembles, bemerkbar machen: Die nun konkurrierenden permanenten Dipolmomente senken die Dominanz der induzierten Dipolmomente. Dieser Effekt war in unseren Experimenten zu erkennen. Heizen und Kühlen führt zu einer Senkung der feldinduzierten Doppelbrechung, der Betrag der Verminderung korreliert mit der Heizrate.

Dabei wurde mit einer maximalen Heizrate von $\pm 0{,}35$ °C/s eine Verminderung der Ausrichtung um etwa 10% erreicht, nicht ausreichend um das Ausrichtungsverhalten grundsätzlich zur Dominanz der permanenten Dipolmomente zu ändern, aber ausreichend, um die Reaktion der Nanokristalle zu charakterisieren. Der formale Zusammenhang der Zeitkonstante der Ladungskompensation der Partikel wurde in Kap. 4.1.2, insbesondere mit Gl. 4.8 und 4.9 dargestellt. Auch hier ist wieder der mittlere Kristalldurchmesser relevant, welcher aus der Volumen-Größenverteilung bestimmt wurde, also $r = 20$ nm. Der mittlere hydrodynamische Radius der Nanokristalle mit ihrem umgebenden Ölsäuremantel, beträgt 40 nm (siehe Abb. 2.7). Daher beträgt der mittlere Radius der Ölsäureschicht etwa 20 nm, woraus rechnerisch eine Zeitkonstante $\approx \tau = 1{,}5$ s und eine effektive Leitfähigkeit $\sigma = 4{,}6 \times 10^{-9}$ $(\Omega\text{cm})^{-1}$ folgen.

Abbildung 4.24 zeigt die Daten der Abb. 4.22, zusammen mit den modellierten Korrelationen zwischen Doppelbrechung und Heizrate, wenn man für $\tau = 1, 2$ oder

3 s annimmt. Diese Kompensationszeiten ergeben sich nach den Gln. 4.8 und 4.9 für Nanokristalle, die einen Ölsäuremantel der Dicke 23, 12 oder 8 nm besitzen. Es wurde für alle Kurven $\kappa = 0$ angenommen. Die Kurve mit $\tau = 2$ s scheint die Daten am Besten zu reproduzieren, die Unsicherheit ist hierbei $\Delta\tau \approx 0{,}3$ s. Das entspricht einer effektiven Leitfähigkeit des $LiNbO_3$-Ölsäure-Tröpfchens von $(3{,}8 \pm 0{,}5) \times 10^{-9}$ $(\Omega\text{cm})^{-1}$. Das bedeutet, dass die gemessene Reaktion der Ausrichtung der Kristalle gut durch ein Modell beschrieben werden kann, welches die, aus Volumenkristallen bekannte, Pyroelektrizität auf Nanokristalle skaliert. Die Leitfähigkeit des Systems wird fast vollständig durch die Leitfähigkeit und Dicke des Ölsäure-Mantels bestimmt. In Bezug auf Abb. 4.24 ist anzumerken, dass die Linien der Mittlung der Doppelbrechung zwischen dem Hoch- und Herunterfahren der Heizrate entsprechen. Die vollständige Kurve mit dem zugehörigen Entladevorgang zeigt ein Hystereseverhalten. Diese Hysterese liegt bei den dargestellten Kompensationszeiten jedoch unterhalb der Messungenauigkeit, so dass auf sie verzichtet wurde.

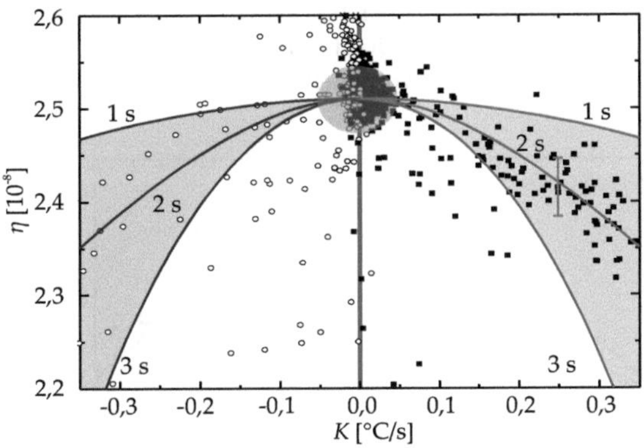

Abbildung 4.24: *Doppelbrechung η bei $E = 0{,}4$ V/µm aufgetragen gegen die Heizrate K einer VP-Probe. Die Daten sind die gleichen wie in Abb. 4.22. Eingezeichnet sind die erwarteten Abhängigkeiten, bei einer Kompensationszeit τ von 1, 2 und 3 s. Diese Kompensationszeiten entsprechen Ölsäure-Umhüllungen der Kristalle einer Dicke von jeweils 23, 12 und 8 nm. Der grau hinterlegte Bereich kennzeichnet das messbedingte Rauschen, ohne jegliche Temperaturänderung, der orange Balken das Rauschen der Doppelbrechung.*

Darüber hinaus, dass die Reaktion der Nanokristalle gut mit den Pyrokoeffizienten der Volumenkristalle beschrieben werden kann, kann keine zuverlässige quantitative Bestimmung der Pyrokoeffizienten der Nanokristalle erfolgen. Aber aus Abb. 4.24 erlangt man quantitative Informationen über das statische permanente Dipolmoment. Wäre ein solches vorhanden, so würde der pyroelektrische Effekt entweder beim Heizen oder Kühlen, je nach Richtung des statischen Dipolmoments, dieses zuerst kompensieren. Hierbei würde die Doppelbrechung zunächst ansteigen. Aus den Auswertungen der feldinduzierten Doppelbrechung bei konstanter Temperatur ist bekannt, dass die permanenten Dipolmomente kleiner als $d^{(p)} = 3 \times 10^{-27}$ Cm sein müssen. Abbildung 4.25 zeigt die Daten der pyroelektrischen Manipulation der Doppelbrechung mit Modellkurven, die unterschiedliche statische permanente Dipolmomente annehmen. Es zeigt sich, dass hier nur permanenten Dipolmomente, die kleiner als $d^{(p)} = 1 \times 10^{-28}$ Cm sind, keine Widersprüche zu den Daten hervorrufen. Damit wäre der Abschwächungsfaktor kleiner als $\kappa = 4 \times 10^{-6}$, was fast zwei Größenordnungen kleiner wäre, als der an Volumenkristallen gemessene Wert. Diese Abweichung ist dadurch erklärbar, dass sich die Nanokristalle in einer Flüssigkeit befinden, während die Volumenkristalle in Luft untersucht wurden. Insbesondere könnte die höhere Leitfähigkeit der Ölsäure zu einer vollständigeren Kompensation beitragen, was den Abschwächungsfaktor senkt. Einen anderen Vergleichswert bietet das zuvor durch Ausrichtungsdoppelbrechung bestimmte permanente Dipolmoment von, durch Hochenergie-Kugelmahlen hergestellten, Lithiumniobat-Nanokristallen. Die aus Anpassungen von reinen O'Konski-Modellen berechneten Dipolmomente, ähnlich zu den in Kap. 4.4.1 ermittelten, liegen in der Größenordnung von 10^{-26} Cm [36, 87]. Diese Methode scheint aber nicht geeignet zu sein, solch kleine Dipolmomente quantifizieren zu können. Darüber hinaus vermindert der in den Arbeiten von Schurian et al. [36, 87] verwendete Herstellungsprozess durch Mahlen die Qualität der Kristalle so stark, so dass die Vergleichbarkeit der Werte fragwürdig ist.

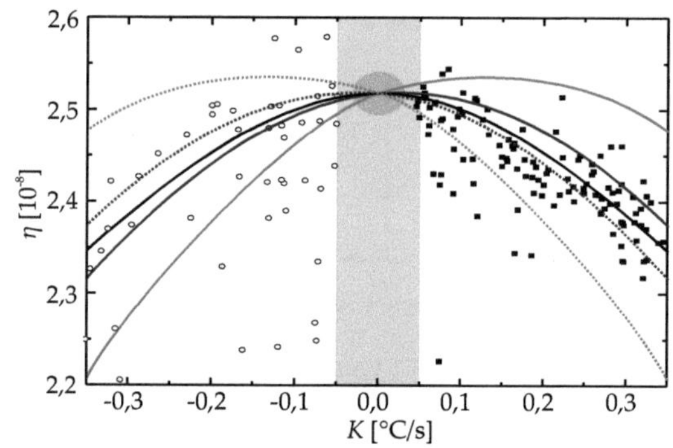

Abbildung 4.25: *Doppelbrechung η bei 0,4 V/µm gegen die Heizrate K, Daten aus Abb. 4.22. Eingezeichnet sind die Modellkurven mit $\tau = 2$ s bei unterschiedlichen permanenten Dipolmomenten d_p. Die schwarze Linie entspricht $d_p = 0$ Cm, die blaue Linie entspricht $d^{(p)} = 1 \times 10^{-28}$ Cm und die orange Linie $d^{(p)} = 5 \times 10^{-28}$ Cm. Die gestrichelten Linien der jeweiligen Farbe zeigen das negative Dipolmoment an. Die Datenpunkte im Bereich zwischen $\pm 0{,}05$ °C/s wurden ausgelassen. Der mittelgraue Kreis kennzeichnet die Startdoppelbrechung.*

Wird die Ausrichtung allein durch die induzierten Dipolmomente bestimmt, stehen die c-Achsen der Kristalle senkrecht auf den Feldlinien, die Orientierungwahrscheinlichkeitsverteilung P_{or} ist maximal bei $\theta = 90°$. Durch die Ladungsumverteilung kommt ein permanentes Dipolmoment hinzu, was P_{or} beeinflusst. Der gemessene Einbruch in der Ausrichtungsdoppelbrechung entspricht einer Orientierungswahrscheinlichkeit, die ihr Maximum bei $\theta = 75°$ aufweist. In Abb. 4.26a sind die beiden Wahrscheinlichkeiten dargestellt.

Das bedeutet, das bei Heizen mit $0{,}35$ °C/s die c-Achsen der Kristalle nicht mehr in der Ebene senkrecht zum Feld liegen, sondern auf einer Kegelfläche, die in einem Winkel von $75°$ zu den Feldlinien steht. Abbildung 4.26b zeigt dies schematisch. Extrapoliert man nun unsere Daten, so würde eine Heizrate von etwa 1 °C/s die Dominanz der induzierten Dipole aufheben und es würde hier einen weiteren Nullpunkt der Doppelbrechung geben. Eine Heizrate von z. B. 20 °C/s würde die gemessene effektive 1%ige Ausrichtung der c-Achsen senkrecht zum elektrischen Feld in eine transiente effektive 50%ige Ausrichtung der c-Achsen parallel zum elektrischen Feld umwandeln. Diese Heizrate ist gewiss relativ hoch, insbesondere in Flüssigkeiten, wäre aber z. B. durch kurzzeitige Einstrahlung mit von der Suspension absorbiertem Laserlicht zu erreichen. Dabei ist anzumerken, dass diese hohen Heizraten nur benötigt werden, weil die effektive Leitfähigkeit des Kristall/Ölsäure-Tröpfchens so hoch ist.

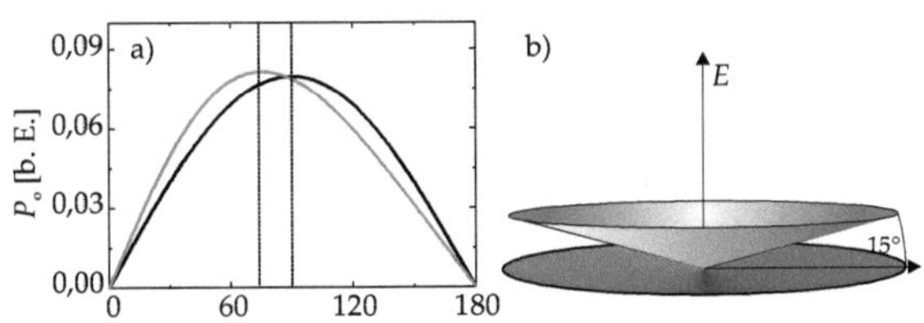

Abbildung 4.26: *a) Orientierungwahrscheinlichkeitsverteilung P_{or} bei konstanter Temperatur ist in schwarz dargestellt. Grau ist die Wahrscheinlichkeitskurve, die bei $0{,}35$ °C/s angenommen wird. b) Schematische räumliche Darstellung der Orientierungsänderung der c-Achsen.*

5 Kapitel Ausblick

Die Integration ferroelektrischer Nanokristalle in isotrope und amorphe Materialien eröffnet eine Vielzahl von Anwendungsmöglichkeiten. Dafür ist es aber wichtig, dass die gewünschten Eigenschaften, die man in die amorphen Materialien einbringen möchte, bei nanoskopischen Kristallgrößen erhalten bleiben. Die hier vorgestellten experimentellen Resultate stützen diese Annahme und zeigen, dass Lithiumniobat ein zuverlässiges Material für die nichtlineare Optik ist, selbst bei Größenreduktion auf wenige Nanometer. Nun kann man die weiteren anwendungsorientierten Möglichkeiten studieren.

Eine Benutzung eines flüssigen Trägers bietet sich an, da im Rahmen dieser und vorheriger Arbeiten die Einbettung in Heptan optimiert wurde. Die Partikel in Flüssigkeiten bilden gute Modellsysteme. Hier wäre eine Kombination mit Bausteinen der Mikrofluidik und der Optofluidik denkbar [89, 90]. Es wäre z. B. möglich, die Suspensionen selektiv in photonische Fasern einzufüllen; dies wurde mit nichtlinearen Flüssigkeiten bereits demonstriert [91]. Der Vorteil wäre, dass man die feldinduzierte Ausrichtung der Nanokristalle nutzen könnte, um den Brechungsindex der Hohlräume der photonischen Faser durchzustimmen.

Doch ist der flüssige Träger auch mit einigen Nachteilen verbunden, wie hier gezeigt wurde: Die maximal erreichbare Volumenkonzentration der Kristalle ist gering. Diese hängt von der Effizienz der Dispergierung ab. Diese Effizient ist sehr hoch in wässrigen Suspensionen, es sind also hohe Konzentrationen erreichbar. Dies führt aber auf Grund der Polarität zur Kompensation der elektrischen Felder. Die Suspensions-Stabilisierung ist aber sehr ineffizient in unpolaren Suspensionen, die benötigt werden, wenn elektrische Felder angelegt werden sollen; selbst Promille-Konzentrationen der Nanokristalle sind nicht mehr stabil suspendiert, wenn z. B. Heptan als Träger genutzt wird. Eine einmalige Dispergierung der Nanokristalle reicht in Flüssigkeiten nicht aus. Die Kristalle agglomerieren mit der Zeit, müssen also ständig redispergiert werden. Und selbst mit dem gut isolierenden Heptan senkt die Leitfähigkeit der Ölsäure die Effizienz mit der man, mit Hilfe des pyroelektrischen Effekts, die Ausrichtung manipulieren kann.

Einen Ausweg aus diesem mehrfachen Dilemma bieten Polymere als Trägermaterialien. Bei Raumtemperaturen sind diese fest. Sind die Kristalle einmal dispergiert eingebracht, verhindert die hohe Viskosität des Polymers eine Agglomeration: Die Dispergierung ist stabil. Die Leitfähigkeit üblicher Polymere ist darüber hinaus gering, so dass Kompensationszeiten aufgebrachter Ladungen jenseits der 10 s möglich wären. Mit solchen Kompensationszeiten sind nur niedrige Heizraten notwendig, um eine vollständige Umkehrung des Ausrichtungsverhalten zu erreichen. Eine

Rechnung mit Hilfe unseres Modells zeigt, dass eine Einbettung z. B. in Polystyrol eine 200-s-Kompensationszeit erzeugt. Wenn die Kristalle noch rotieren können, so hat eine Temperaturänderung um 5 °C eine 25%ige Ausrichtung der c-Achsen entlang des elektrischen Feldes zur Folge, bei einer Feldstärke von 0,4 V/µm.

Nutzt man die Ensembles der Nanokristalle in Polymeren für optische Frequenzkonversion, so ergeben sich hier einige Möglichkeiten: Unmittelbar nach der Einbringung sind die Nanokristalle zufällig orientiert. Die Konversion eines eingestrahlten Pumpstrahls wird SH-Licht erzeugen. Diese Erzeugung wird charakteristisch für ungeordnete nichtlineare Systeme sein. Dies wird als „random-phase-matching" bezeichnet [92, 93]. Hierbei ist die Ausgangsleistung der verdoppelten Welle linear abhängig von der Pumpstrahlintensität. Die Effizienz der Konversion ist dabei aber abhängig von der internen Ordnung der nichtlinearen Zentren. Eine sukzessive Ausrichtung der Kristalle verwandelt die lineare Abhängigkeit in eine quadratische, und die Effizienz wird dramatisch höher [94]. Damit könnte in-situ die Ausrichtung der Nanokristalle im Polymerfilm überprüft oder die lokale elektrische Feldstärke optisch ausgelesen werden.

Hinzu kommt, dass man hierbei das weitgehende Know-How zum Thema der eingebetteten Chromophore und deren Orientierung ausnutzen kann [95]. Bei diesen ist es üblich, die Thermoplaste, die die Einbettung liefern, über die Glastemperatur zu erhitzen, wodurch die Polymerketten beweglich werden und der Kunststoff weich wird. Ist der Kunststoff um die Nanokristalle weich, so werden auch die Nanokristalle rotierbar. Mit Hilfe einer Korona-Entladung wird ein sehr hohes elektrisches Feld innerhalb des Polymers erzeugt, in der Größenordnung der Durchschlagspannung, welches die Inklusionen ausrichtet. Ein anschließendes Abkühlen des Polymers friert die Ausrichtung der Inklusionen ein. Eine strukturierte Ausrichtung würde funktionale Analoga zu periodisch gepoltem Lithiumniobat erzeugen [96]. Eine strukturierte Ausrichtung wäre einerseits denkbar, dadurch dass nur gewisse Bereiche über die Glastemperatur erhitzt werden, z. B. durch räumlich-strukturierte Beleuchtung, und ein homogenes elektrisches Feld die Kristalle in diesen Bereichen ausrichtet. Andererseits wäre auch denkbar das elektrische Feld durch Elektroden zu strukturieren. Vorteil der ersten Methode ist, dass mehrere Strukturen nacheinander in das gleiche Material geschrieben werden können. Ein Multiplexen verschiedenster Strukturen wäre damit möglich.

Erste Schritte zur Einbettung der $LiNbO_3$-Nanokristalle in Polymere und der Übertragung der von den Chromophoren bekannten, Technologie sind bereits unternommen worden. Sie bestanden darin, die Nanokristalle zuverlässig in Polystyrol einzubringen, siehe Abb. 5.1. Dabei konnten Partikelkonzentrationen bis 4,4 Vol% in den Filmen erreicht werden. Die Lichttransmission dieser Filme zeigt das übliche Streuspektrum der Nanokristalle, wie in Abb. 5.2 dargestellt ist. Als nächstes steht hier aus, die Ausrichtbarkeit der Nanokristall-Ensembles in den Kunststoffen zu zeigen.

Als weitere interessante Weiterentwicklung bietet sich eine Verknüpfung zwischen metallischen nano-photonischen Strukturen und den nichtlinear-optischen Nanokristallen an. So wurde schon gezeigt, dass eine dünne Goldschicht, um

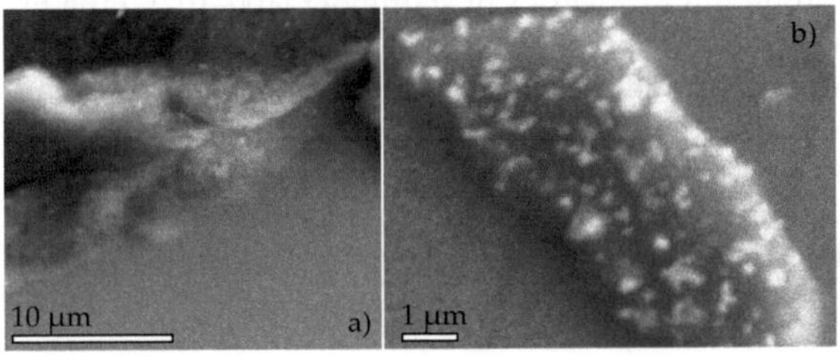

Abbildung 5.1: *Rasterelektronenmikroskopische Aufnahmen von AG-Nanokristallen in Polystyrol. Die Kristalle werden als helle Punkte, bzw. Wolken abgebildet. a) Schichtdicke etwa 10 µm. b) Schichtdicke etwa 1 µm.*

Bariumtitanat-Nanokristalle herum, die Effizienz der Frequenzkonversion um drei Größenordnungen erhöht, wenn die Pumpwelle die Resonanzbedingung der plasmonischen Struktur erfüllt [97]. Ersetzt man diese feste plasmonische Hülle durch eine nano-photonische Antennenstruktur, so ist eine größere Kontrolle über die Rückkopplung der Wellen möglich. Es wäre möglich, die Grund- oder die Harmonische-Welle selektiv rückzukoppeln. Gleichzeitig kann die Phase des elektrischen Wechselfeldes einer Antenne kontrolliert werden. Eine Phasenmodulation eines Feldes periodisch angeordneter, Nanokristall-bestückter Antennen würde zu einem Äquivalent des phasengesteuerten Radio-Emitters führen [98].

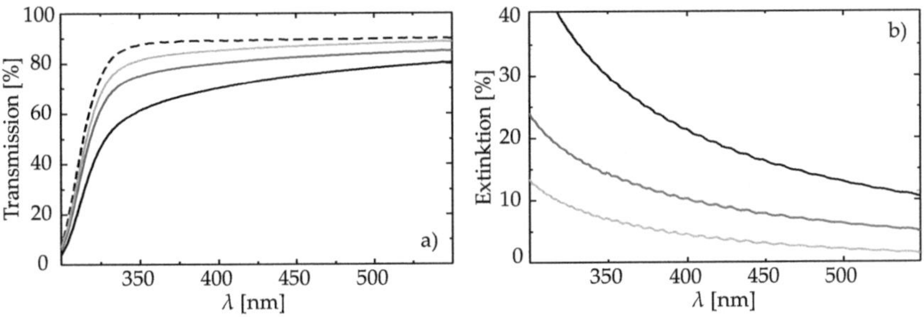

Abbildung 5.2: *a) Optische Transmission in Abhängigkeit von der Wellenlänge λ durch 20 µm Polystyrol mit Nanokristallen, ohne Reflexionskorrektur. Schwarz: 4,4 Vol%, mittelgrau: 2,2 Vol%, hellgrau: 1,2 Vol%, gestrichelt: Referenz ohne Partikel. b) Extinktionskurve in Abhängigkeit von der Wellenlänge λ als Partikeleffekt. Die Bedeutung der Farben sind die gleichen wie in a).*

Aber auch die materialwissenschaftliche Untersuchung der Nanokristalle ist bei weitem noch nicht ausgeschöpft: Statt der Nutzung des pyroelektrischen Effekts, um in Lithiumniobat einen gerichteten Ladungstransport anzuregen, wäre es z. B. möglich, den piezoelektrischen Effekt auszunutzen und über einen isotropen, hydrostatischen Druck die Kristalloberflächen zu laden [23]. Alternativ wäre es auch möglich, den so genannten Volumen-photovoltaischen Effekt in Lithiumniobat auszunutzen. Durch diesen werden bei Beleuchtung der Kristalle Ladungsträger freigesetzt, die sich vorzugsweise entlang der *c*-Achse des Kristalls bewegen [99]. Dieser Effekt erreicht seine maximale Ausprägung, wenn die Kristalle signifikant mit Eisen dotiert wurden und die Beleuchtung mit grünem Licht stattfindet [100–102]. Eine Erweiterung der Sol-Gel-Synthese um photovoltaisch-aktive Dotierungen wurde von uns bereits entwickelt. Es wurde eisendotiertes $LiNbO_3$ synthetisiert und die Reaktion des Ladungszustandes des Eisens auf reduzierendes Vakuum untersucht, um so die Empfindlichkeit der Kristalle für einen Volumen-photovoltaischen Ladungstransport einzustellen [45]. Damit wäre es möglich, allein mit Lichteinstrahlung die Ausrichtung der Nanokristalle in einem elektrischen Feld zu kontrollieren.

6 Kapitel Zusammenfassung

Das Kristallwachstum, die nichtlinearen Polarisierbarkeiten und der pyroelektrische Effekt von Lithiumniobat-Volumenkristallen sind schon lange bekannt und sehr genau untersucht, da dieses Material bereits vielfältig als Modulator oder Frequenzkonverter eingesetzt wird. Das Ziel dieser Arbeit war, genau diese Eigenschaften an Lithiumniobat-Nanokristallen zu bestimmen, um damit die Grundlage zu schaffen, nanoskopisches Lithiumniobat in Anwendungen einsetzen zu können.

Um die Nanokristalle in Größenbereichen zwischen 5 und 50 nm herzustellen, wurde eine Sol-Gel-Synthese mit einer nass-chemischen Ätzung der Kristalle verknüpft. Beides sind einfache Methoden, die ausreichen, um makroskopische Mengen an Hybridmaterialien zu erzeugen. Die so erzeugten Kristalle wurden mit Hilfe von Transmissionselektronen-Mikroskopie charakterisiert. Sie kristallisiern zuverlässig nahezu kugelförmig, und die Form der Kristalle bleibt gleich, auch wenn ihre Größe durch das Ätzen reduziert wird. Die Größe der Kristalle zeigt eine lineare Abhängigkeit von der Ätzzeit; die ermittelte, allseitige Ätzrate entspricht dabei der Ätzrate der $-c$-Fläche von Volumenkristallen. Dieses recht ungewöhnliche Verhalten ist auf die Minimierung der gesamten Oberflächenenergie der Kristalle zurückzuführen. Des Weiteren zeigt die Analyse der Elektronenbeugung und energiedispersiven Röntgenspektroskopie, dass die Kristalle phasenrein sind und keine elementaren Verunreinigungen enthalten. Sie gehören der Lauegruppe $\bar{3}m$ an.

Die Untersuchung der nichtlinear-optischen Konversion von nahinfrarotem zu sichtbarem Licht zeigte, dass die Nanokristalle mindestens bis hinunter zu einer 5 nm Kristallgröße nichtlinear-optisch sind. Die Erzeugung und Abstrahlung des konvertierten Lichts ist vollständig beschreibbar durch ein Modell, das annimmt, dass die Lichtkonversion die gleiche wie in Volumenkristallen ist, die Kopplung an das Strahlungs-Fernfeld des Lichts aber durch die Interaktion mit Punktdipolen modelliert wird. Dabei zeigen sich bei den Simulationen zwei Fixpunkte, die eine Vergleichbarkeit der gemessenen Frequenzkonversion der Nanokristalle und der Volumen-Kristalle ermöglicht. Das ist, abhängig von der Lichtpolarisationsrichtung, erstens die minimale und zweitens die maximale Konversion. Die so modellierten Koeffizienten betragen $d_{\mathrm{m}}^{\mathrm{min}} = 5{,}6$ pm/V und $d_{\mathrm{m,ave}}^{\mathrm{max}} = 12{,}9$ pm/V. Die experimentell bestimmten Werte der nichtlinearen Koeffizienten, an diesen Fixpunkten, betragen $d_{\mathrm{m}}^{\mathrm{min}} = (4{,}5 \pm 1{,}3)$ pm/V und $d_{\mathrm{m,\,ave}}^{\mathrm{max}} = (11 \pm 7)$ pm/V. Das bedeutet, alle nichtlinear-optischen Koeffizienten der Nanokristalle sind die gleichen, wie die der Volumenkristalle. Die Lichtkonversion zeigt außerdem, dass die Kristalle die Punktgruppe $3m$ aufweisen, welche zu der Lauegruppe $\bar{3}m$ gehört. Damit müssen die Nanokristalle pyroelektrisch sein. Dieses ist in Lithiumniobat sehr eng mit seiner Ferroelektrizität verknüpft, daher sind die Daten ein starker Hinweis darauf, dass die superparaelektrische Grenze bei Lithiumniobat unter 5 nm Kristallgröße liegt. Die Daten sprechen zudem gegen eine paraelektrische, passive Oberflächenschicht mit einer Dicke von mehr als 1 nm.

Ein Modell-Hybridmaterial wurde aus den Nanokristallen und Heptan erzeugt, indem die Nanokristalle mit Hilfe der oberflächenaktiven Ölsäure in Heptan dispergiert wurde. An dieses flüssige Hybridmaterial wurden elektrische Felder angelegt, mit Feldstärken bis zu 3 V/µm. Dadurch richten sich die Nanokristalle aus. Das Ausrichtungsverhalten konnte durch eine polarisationsabhängige Brechungsindexänderung der Suspension nachgewiesen werden. Diese Doppelbrechung konnte über die polarisationsabhängige optische Weglängenänderung in der Suspension, mit Hilfe eines Mach-Zehnder-Interferometers, und über eine geänderte Transmission durch gekreuzte Polarisatoren nachgewiesen werden. Dabei zeigte sich, dass die kristallinen c-Achsen sich zunächst senkrecht zu den elektrischen Feldlinien ausrichten; das induzierte Dipolmoment der Partikel überwiegt. Es konnte eine maximale effektive Ausrichtung von etwa 20% nachgewiesen werden. Über eine Temperaturänderung der Suspension wurde mit Hilfe des pyroelektrische Effekts ein Ladungsfluss in den Partikeln angeregt. Das so erzeugte permanente Dipolmoment liegt parallel zu den c-Achsen der Kristalle. Damit existieren zwei konkurrierende Dipolmomente der Partikel, die zur Ausrichtung im elektrischen Feld beitragen. Dieses konnte über eine Verminderung der effektiven Ausrichtung der Partikel nachgewiesen werden. Nach Berücksichtigung des pyroelektrischen Ladungsflusses konnte mit Hilfe unseres Modells zudem nachgewiesen werden, dass das beobachtete Verhalten gut durch eine Ladungskompensationszeit der Partikel von etwa 2 s beschrieben werden kann. Diese Kompensationszeit entspricht einer effektiven Leitfähigkeit $\sigma = (3{,}8 \pm 0{,}5) \times 10^{-9}$ $(\Omega\text{cm})^{-1}$ des Nanokristall-Ölsäure-Systems, was sehr gut dem theoretischen Wert $(4{,}6 \pm 0{,}5) \times 10^{-9}$ $(\Omega\text{cm})^{-1}$ entspricht. Aus dem Ausrichtungsverhalten bei konstanter Temperatur und bei Temperaturänderung konnte außerdem das statische permanente Dipolmoment auf unter $d^{(\text{p})} = 1 \times 10^{-28}$ Cm bestimmt werden. Damit beträgt der nichtkompensierte Anteil der Spontanpolarisierung der Nanokristalle $\kappa \leq 4 \times 10^{-6}$.

Es zeigte sich, dass die intrinsischen Eigenschaften der Lithiumniobat-Nanokristalle, bis zu einer Kristallgröße von 5 nm, keine signifikante Änderung aufzeigen. Die Kristalle verhalten sich genau so, als ob Volumenkristalle herunterskaliert werden. Dies zeigt die Stabilität der kristallgittererzeugten Effekte in Lithiumniobat und damit die Stabilität der Kristallstrukturen. Man hat also, ausgehend von dieser Arbeit und den anderen Vorarbeiten, jetzt die Bausteine für real verwendbare nichtlinear-optische Hybridmaterialien, zudem liegen jetzt Kenntnisse über deren Ausrichtungsverhalten vor. Mit geeigneten Prozessierungsmethoden können nun Hybridmaterialien erzeugt werden, die Strukturen aufweisen, welche funktional denen der strukturierten Volumenkristalle sehr ähnlich sind. Somit sind alle Anwendungen der Volumenkristalle auf Hybridmaterialien übertragbar.

Literaturverzeichnis

[1] W. Thomson. *On the equilibrium of vapour at a curved surface of liquid*. Phil. Mag. **42**, 448 – 452 (1871).

[2] S. Link, M. A. El-Sayed. *Shape and size dependence of radiative, non-radiative and photothermal properties of gold nanocrystals*. Int. Rev. Phy. Chem. **19**, 409 – 453 (2000).

[3] A. L. Efros, M. Rosen. *The electronic structure of semiconductor nanocrystals*. Annu. Rev. Mater. Sci. **30**, 475 – 521 (2000).

[4] R. Kubo. *Electronic properties of metallic fine particles. I.* J. Phys. Soc. Jpn. **17**, 975 – 986 (1962).

[5] A. Yariv. *Optical waves in crystals*. John Wiley and Sons, New Jersey, 1988.

[6] K. Binder. *Finite size effects on phase-transitions*. Ferroelectrics **73**, 43 – 67 (1987).

[7] J. Junquera, P. Ghosez. *Critical thickness for ferroelectricity in perovskite ultrathin films*. Nature **422**, 506 – 509 (2003).

[8] L. Curecheriu, M. T. Buscaglia, V. Buscaglia, Z. Zhao, L. Mitoseriu. *Grain size effect on the nonlinear dielectric properties of barium titanate ceramics*. Appl. Phys. Lett. **97**, 242909 (2010).

[9] K. Ishikawa, K. Yoshikawa, N. Okada. *Size effect on the ferroelectric phase transition in $PbTi0_3$ ultrafine particles*. Phys. Rev. B **37**, 5852 – 5855 (1988).

[10] L. Arizmendi. *Photonic applications of lithium niobate crystals*. Phys. Stat. Sol. **201**, 253 – 283 (2004).

[11] R. E. Rosensweig, J. W. Nestor, R. S. Timmins. Chemical Engeneering Joint Meeting, London (1965).

[12] L. Bonacina, Y. Mugnier, F. Courvoisier, R. Le Dantec, J. Extermann, Y. Lambert, V. Boutou, C. Galez, J. P. Wolf. *Polar Fe(IO3)(3) nanocrystals as local probes for nonlinear microscopy*. Appl. Phys. B **87**, 399 – 403 (2007).

[13] M. Zielinski, D. Oron, D. Chauvat, J. Zyss. *Second-harmonic generation from a single core/shell quantum dot.* Small **5**, 2835–2840 (2009).

[14] S. Tripathi, B. J. Davis, Jr. Toussaint, K. C., P. S. Carney. *Determination of the second-order nonlinear susceptibility elements of a single nanoparticle using coherent optical microscopy.* J. Phys. B **44**, 015401 (2011).

[15] Y. Nakayama, P. J. Pauzauskie, A. Radenovic, R. M. Onorato, R. J. Saykally, J. Liphardt, P. Yang. *Tunable nanowire nonlinear optical probe.* Nature **447**, 1098 (2007).

[16] L. Le Xuan, S. Brasselet, F. Treussart, J. . F. Roch, F. Marquier, D. Chauvat, S. Perruchas, C. Tard, T. Gacoin. *Balanced homodyne detection of second-harmonic generation from isolated subwavelength emitters.* Appl. Phys. Lett. **89**, 121118 (2006).

[17] C.-L. Hsieh, R. Grange, Y. Pu, D. Psaltis. *Three-dimensional harmonic holographic microcopy using nanoparticles as probes for cell imaging.* Opt. Express **17**, 2880 – 2891 (2009).

[18] C.-L. Hsieh, Y. Pu, R. Grange, D. Psaltis. *Second harmonic generation from nanocrystals under linearly and circularly polarized excitations.* Opt. Express **18**, 11917 – 11932 (2010).

[19] E. Sliwinska, S. Mansurova, U. Hartwig, K. Buse, K. Meerholz. *Effect of cosensitization in new hybrid photo-refractive materials based on PVK polymer matrix and inorganic $LiNbO_3$ nano-crystals.* Appl. Phys. B **95**, 519 – 524 (2009).

[20] J. A. Armstrong, N. Bloembergen, J. Ducuing, P. S. Pershan. *Interactions between light waves in a nonlinear dielectric.* Phys. Rev. **127**, 1918 (1962).

[21] R.P. Feynman. *There's plenty of room at the bottom.* J MEMS **1**, 60 –66 (1992).

[22] J. Valasek. *Piezo-electric and allied phenomena in Rochelle-salt.* Phys. Rev. **17**, 475 – 481 (1921).

[23] S. Haussühl. *Kristallphysik.* Physik-Verlag Taschentext, 1983.

[24] C. Kittel. *Einführung in die Festkörperphysik.* R. Oldenbourg Verlag, München, Wien, 2005.

[25] L. E. Cross. *Relaxor ferroelectrics.* Ferroelectr. **76**, 241 (1987).

[26] S. Kohiki, S. Nogami, S. Kawakami, S. Takada, H. Shimooka, H. Deguchi, M. Mitome, M. Oku. *Large frequency dependence of lowered maximum dielectric constant temperature of $LiTaO_3$ nanocrystals dispersed in mesoporous silicate.* Appl. Phys. Lett. **82**, 4134 – 4136 (2003).

[27] A. Rudiger, T. Schneller, A. Roelofs, S. Tiedke. *Nanosize ferroelectric oxides - tracking down the superparaelectric limit.* Appl. Phys. A **80**, 1247 – 1255 (2005).

[28] A. Rudiger, R. Waser. *Size effects in nanoscale ferroelectrics*. J. All. Comp. **449**, 2 – 6 (2008).

[29] K. Uchino, E. Sadanaga, T. Hirose. *Dependence of the crystal structure on particle size in barium titanate*. J. Am. Ceram. Soc. **72**, 1555 – 1558 (1989).

[30] R. S. Weis, T. K. Gaylord. *Lithiumniobate - summary of physical properties and crystal-structure*. Appl. Phys. A **37**, 191 (1985).

[31] W. H. Zachariasen. *Untersuchungen über die Kristallstrukur der Sesquioxyden und Verbindungen ABO_3*. Skrifter Utgitt av det Norske Videnskaps-Akademie **4**, 117 (1928).

[32] B. T. Matthias, J. P. Remeika. *Ferroelectricity in the ilmenite structure*. Phys. Rev. **76**, 797 – 818 (1949).

[33] K.K. Wong. *Properties of lithium niobate*. Inspec, London, UK, 2002.

[34] H.H. Landolt, R. Börnstein. *Ferroelectrics and related substances*. Springer, Berlin, 1981.

[35] S. Yevdokimov, A. Yatsenko. *Specific features of the dark conductivity in lithium niobate crystals of congruent composition*. Phys. Solid State+ **48**, 336 – 339 (2006). 10.1134/S1063783406020247.

[36] A. Schurian, K. Bärner. *Stable suspensions of ferroelectric nm-$LiNbO_3$- and nm-$PbTiO_3$-particles in hydrocarbon carrier liquids*. Ferroelectr. Lett. **20**, 169 (1996).

[37] D. Bork, P. Heitjans. *NMR relaxation study of ion dynamics in nanocrystalline and polycrystalline $LiNbO_3$*. J. Phys. Chem. B **102**, 7303 (1998).

[38] S. Indris, D. Bork, P. Heitjans. *Nanocrystalline oxide ceramics prepared by high-energy ball milling*. J. Mater. Synth. Process. **8**, 245 (2000).

[39] J. R. Schwesyg, H. A. Eggert, K. Buse, E. Sliwinska, S. Khalil, M. Kaiser, K. Meerholz. *Fabrication and optical characterization of stable suspensions of iron- or copper-doped lithium niobate nanocrystals in heptane*. Appl. Phys. B **89**, 15 – 17 (2007).

[40] P. Heitjans, M. Masoud, A. Feldhoff, M. Wilkening. *NMR and impedance studies of nanocrystalline and amorphous ion conductors: lithium niobate as a model system*. Farad. Disc. **134**, 67 (2007).

[41] S. Ono, H. Mochizuki, S. Hirano. *Preparation and characterization of amorphous $LiNbO_3$ powders from completely hydrolyzed metal alkoxides*. J. Ceram. Soc. Jpn. **104**, 599 (1996).

[42] M. J. Pooley, A. V. Chadwick. *The synthesis and characterization of nanocrystalline Lithium Niobate*. Radiat. Eff. Defect. S **158**, 197 – 201 (2003).

[43] M. Niederberger, N. Pinna, J. Polleux, M. Antonietti. *A general soft-chemistry route to perovskites and related materials: Synthesis of $BaTiO_3$, $BaZrO_3$, and $LiNbO_3$ nanoparticles*. Angew. Chem.-Int. Ed. **43**, 2270 – 2273 (2004).

[44] C. H. An, K. B. Tang, C. R. Wang, G. Z. Shen, Y. Jin, Y. T. Qian. *Characterization of $LiNbO_3$ nanocrystals prepared via a convenient hydrothermal route*. Mat. Res. Bullet. **37**, 1791 – 1796 (2002).

[45] B. Knabe, D. Schuetze, T. Jungk, M. Svete, W. Assenmacher, W. Mader, K. Buse. *Synthesis and characterization of Fe-doped LiNbO(3) nanocrystals from a triple-alkoxide method*. Phys. Stat. Sol. A **208**, 857 – 862 (2011).

[46] L. H. Wang, D. R. Yuan, X. L. Duan, X. Q. Wang, F. P. Yu. *Synthesis and characterization of fine lithium niobate powders by sol-gel method*. Cryst. Res. Technol. **42**, 321–324 (2007).

[47] M. Aufray, S. Menuel, Y. Fort, J. Eschbach, D. Rouxel, B. Vincent. *New synthesis of nanosized niobium oxides and lithium niobate particles and their characterization by XPS analysis*. J. Nanosci. Nanotechnol. **9**, 4780 – 4785 (2009).

[48] A. Grigas, S. Kaskel. *Synthesis of $LiNbO_3$ nanoparticles in a mesoporous matrix*. Beilstein J. Nanotechnol. **2**, 28 – 33 (2011).

[49] S. Wohlrab, M. Weiss, H. C. Du, S. Kaskel. *Synthesis of MNbO3 nanoparticles (M = Li, Na, K)*. Chem. Mater. **18**, 4227–4230 (2006).

[50] B. D. Wood, V. Mocanu, B. D. Gates. *Solution-phase Synthesis of crystalline lithium niobate nanostructures*. Adv. Mater. **20**, 4552 – 4556 (2008).

[51] C. L. Sones, S. Mailis, W. S. Brocklesby, R. W. Eason, J. R. Owen. *Differential etch rates in z-cut LiNbO3 for variable HF/HNO3 concentrations*. J. Mater. Chem. **12**, 295 – 298 (2002).

[52] A. B. Randles, M. Esashi, S. Tanaka. *Etch rate dependence on crystal orientation of lithium niobate*. IEEE T. Ultrason. Ferr. **57**, 2372 – 2380 (2010).

[53] C. Y. J. Ying, C. L. Sones, A. C. Peacock, F. Johann, E. Soergel, R. W. Eason, M. N. Zervas, S. Mailis. *Ultra-smooth lithium niobate photonic micro-structures by surface tension reshaping*. Opt. Express **18**, 11508 – 11513 (2010).

[54] S. Qin, D. Liu, H. Liu, Z. Zuo. *Size-dependent selective etching mechanism: cavity formation on barium titanate nanocubes*. J. Phys.Chem. C **112**, 17171 – 17174 (2008).

[55] C. H. Hamann, W. Vielstich. *Elektrochemie*. Wiley-VCH Verlag GmbH & Co. KGaA, 2005.

[56] M. Villegas, A. C. Caballero, M. Quintanilla, J. A. Sanz-Garcia, E. Cantelar, F. Cusso. *Preparation and characterization of stable aqueous suspensions of upconverting Er(3+)/Yb(3+)-doped LiNbO(3) nanocrystals RID F-4056-2010*. Appl. Phys. B **102**, 651 – 658 (2011).

[57] C. N. R. Rao, P. J. Thomas, G. U. Kulkarni. *Nanocrystals: Synthesis, properties and applications*. Springer, Berlin, 2007.

[58] M. I. Mendelson. *Average grain size in polycrystalline ceramics*. J. A. Ceram. Soc. **52**, 443 – 446 (1969).

[59] I. M. Lifshitz, V. V. Slyozov. *The Kinetics of Precipitation From Supersaturated Solid Solutions*. Journal of Physics and Chemistry of Solids **19**, 35 – 50 (1961).

[60] M. Kahlweit. *Ostwald ripening of precipitates*. Adv. Colloid Interfac. **5**, 1–35 (1975).

[61] A. Ofan, M. Lilienblum, O. Gaathon, A. Sehrbrock, A. Hoffmann, S. Bakhru, H. Bakhru, S. Irsen, Jr. Osgood, R. M., E. Soergel. *Large-area regular nanodomain patterning in He-irradiated lithium niobate crystals*. Nanotechnology **22**, 285309 (2011).

[62] A. W. Adamson, A. P. Gast. *Physical chemistry of surfaces*. John Wiley and Sons, New Jersey, 1997.

[63] Q. Sun, K. Reuter, M. Scheffler. *Effect of a humid enviroment on the surface structure of RuO_2(110)*. Phys. Rev. B **67**, 205424 (2003).

[64] G. Wulff. *Zur Frage der Geschwindigkeit des Wachstums und der Auflösung von Krystallflächen*. Z. Krist. **34**, 449 (1901).

[65] R. W. Boyd. *Nonlinear Optics*. Academic, New York, 1992.

[66] J. D. Jackson. *Classical electrodynamics*. John Wiley and Sons, New Jersey, 1998.

[67] C. F. Bohren, D.R. Huffman. *Absorption and Scattering of Light by Small Particles*. John Wiley and Sons, New Jersey, 1983.

[68] A. Sommerfeld. *Über die Ausbreitung der Wellen in der drahtlosen Telegrafie*. Ann. d. Physik **28**, 665 – 736 (1909).

[69] L. Novotny, B. Hecht. *Principles of Nano-Optics*. Cambridge University Press, 2006.

[70] L. Malmqvist, H. M. Hertz. *Second-harmonic generation in optically trapped nonlinear particles with pulsed lasers*. Appl. Opt. **34**, 3392 – 3397 (1995).

[71] F. C. Nix, D. MacNair. *The thermal expansion of pure metals: Copper, gold, aluminum, nickel, and iron*. Phys. Rev. **60**, 597 – 605 (1941).

[72] A. N. Morozovska, E. A. Eliseev, G. S. Svechnikov, S. V. Kalinin. *Pyroelectric response of ferroelectric nanowires: Size effect and electric energy harvesting*. J. Appl. Phys. **108**, 042009 (2010).

[73] Levchenko. S. V., A. M. Rappe. *Influence of ferroelectric polarization on the equilibrium stoichiometry of lithium niobate (0001) surfaces*. Phys. Rev. Lett. **100**, 256101 (2008).

[74] S. Sanna, W. G. Schmidt. *Lithium niobate X-cut, Y-cut, and Z-cut surfaces from ab initio theory*. Phys. Rev. B **81**, 214116 (2010).

[75] A. K. Tagantsev, G. Gerra. *Interface-induced phenomena in polarization response of ferroelectric thin films*. J. Appl. Phys. **100**, 051607 (2006).

[76] F. Johann, T. Jungk, S. Lisinski, A. Hoffmann, L. Ratke, E. Soergel. *Sol-gel derived ferroelectric nanoparticles investigated by piezoresponse force microscopy*. Appl. Phys. Lett. **95**, 202901 (2009).

[77] S. Lisinski, L. Ratke, D. Schaniel, T. Jungk, E. Soergel, H. Boysen, T. Woike. *Second-harmonic generation in nano-structured - and -xerogels with randomly oriented ferroelectric grains*. Optic. Mater. **32**, 504 – 509 (2010).

[78] D. Vanderbilt, R. D. King-Smith. *Electric polarization as a biulk quantity and its relation to surface charge*. Phys. Rev. B **48**, 4442 – 4455 (1993).

[79] S. Kalinin, D. A. Bonnell. *Nanoscale characterisation of ferroelectric materials*. Springer, Berlin, 2004.

[80] F. Johann, E. Soergel. *Quantitative measurement of the surface charge density*. Appl. Phys. Lett. **95**, 232906 (2009).

[81] J. C. M. Garnett. *Colours in metal Glasses and in metallic films*. Philos. Trans. R. Soc. London Ser. B **203**, 385 – 420 (1904).

[82] A. Lakhtakia. *Bruggeman formalism for uniaxial dielectric magnetic composites*. Microw. Opt. Techn. Lett. **11**, 290–291 (1996).

[83] A. Peterlin, H. A. Stuart. *Double refraction of flow of colloids and large molecules in solution*. Z. Angew. Phys. **112**, 1 (1939).

[84] C. T. O'Konski, K. Yoshioka, W. H. Orttung. *Electric properties of macromolecules: Determination of electric and optical parameters from saturation of electric birefringence in solutions*. J. Phys. Chem. **63**, 1558 (1959).

[85] J. U. Müller, K. Bärner. *Polydisperse suspensions of $BaTiO_3$-particles*. Ferroelectr. **108**, 83 – 88 (1990).

[86] J. U. Müller, J. Abendroth, K. Bärner. *Stability of suspensions of ferroelectric $BaTiO_3$-particles in hydrocarbon carrier liquids*. Ferroelectr. **132**, 309 – 315 (1992).

[87] A. Schurian. *Feldinduzierte Reorientierung in stabilen Suspensionen ferroelektrischer nm-Partikel*. Universität Göttingen, 1996.

[88] R. P. Bertram, E. Soergel, H. Blank, N. Benter, K. Buse, R. Hagen, S. G. Kostromine. *Strong electro-optic effect in electrically poled photoaddressable polymers*. J. Appl. Phys. **94**, 6208 – 6211 (2003).

[89] G. M. Whitesides. *The origins and the future of microfluidics*. Nature **442**, 368 – 373 (2006).

[90] D. Psaltis, S. R. Quake, C. Yang. *Developing optofluidic technology through the fusion of microfluidics and optics*. Nature **442**, 381 – 386 (2006).

[91] M. Vieweg, T. Gissibl, S. Pricking, B. T. Kuhlmey, D. C. Wu, B. J. Eggleton, H. Giessen. *Ultrafast nonlinear optofluidics in selectively liquid-filled photonic crystal fibers*. Opt. Express **18**, 25232 – 25240 (2010).

[92] S. Kawai, T. Ogawa, H. S. Lee. *Second-harmonic generation from needlelike ferroelectric domains in $Sr_{0.6}Ba_{0.4}Nd_2O_6$ single crystals*. Appl. Phys. Lett. **73**, 768 (1998).

[93] M. Baudrier-Raybaut, R. Haidar, Ph. Kupecek, Ph. Lemasson, E. Rosencher. *Random quasi-phase-matching in bulk polycrystalline isotropic nonlinear materials*. Nature **432**, 374 – 376 (2004).

[94] E. Y. Morozov, A. A. Kaminskii, A. S. Chirkin, D. B. Yusupov. *Second optical harmonic generation in nonlinear crystals with a disordered domain structure*. Jetp Lett. **73**, 647 – 650 (2001).

[95] K. D. Singer, M. G. Kuzyk, W. R. Holland, J. E. Sohn, S. J. Lalama, R. B. Comizzoli, H. E. Katz, M. L. Schilling. *Electro-optic phase modulation and optical second -harmonic generation in corona-poled polymer films*. Appl. Phys. Lett. **53**, 1800 – 1802 (1988).

[96] M. M. Fejer, G. A. Magel, D. H. Jundt, R. L. Byer. *Quasi-phase-matched 2nd harmonic-generation - tuning and tolerances*. IEEE J. Quantum Electron. **28**, 2631 (1992).

[97] Y. Pu, R. Grange, C.-L. Hsieh, D. Psaltis. *Nonlinear optical properties of core-shell nanocavities for enhanced second-harmonic generation*. Phys. Rev. Lett. **104**, 207402 (2010).

[98] D. Dregely, R. Taubert, J. Dorfmuller, R. Vogelgesang, K. Kern, H. Giessen. *3D optical Yagi-Uda nanoantenna array*. Nat. Commun. **2**, 267 (2011).

[99] A. M. Glass, D. von der Linde, T. J. Negran. *High-voltage bulk photovoltaic effect and the photorefractive process in $LiNbO_3$*. Appl. Phys. Lett. **25**, 233 (1974).

[100] E. Krätzig, H. Kurz. *Photorefractive and photovoltaic effects in doped $LiNbO_3$*. Optica Acta **24**, 475 (1977).

[101] E. Krätzig. *Photorefractive effects and photoconductivity in Fe:LiNbO$_3$*. Ferroelectr. **21**, 635 (1978).

[102] K. Peithmann, A. Wiebrock, K. Buse. *Photorefractive properties of highly-doped lithium niobate crystals in the visible and near-infrared*. Appl. Phys. B **68**, 777 (1999).

Liste eigener Veröffentlichungen

- I. Breunig, M. Falk, B. Knabe, R. Sowade, K. Buse, P. Rabiei, D. H. Jundt. *Second harmonic generation of 2.6 W green light with thermoelectrically-oxidized undoped congruent lithium niobate crystals below 100 °C*. Appl. Phys. Lett. **91**, 221110 (2007).
- I. Breunig, J. Kiessling, B. Knabe, R. Sowade, K. Buse. *Hybridly-pumped continuous-wave optical parametric oscillator*. Opt. Express **16**, 5662–5666 (2008).
- I. Breunig, J. Kiessling, R. Sowade, B. Knabe, K. Buse. *Generation of tunable continuous-wave terahertz radiation by photomixing the signal waves of a dual-crystal optical parametric oscillator*. New J. Phys. **10**, 073003 (2008).
- D. Schütze, B. Knabe, M. Ackermann, K. Buse. *Orientation of colloidally suspended $LiNbO_3$ nanocrystals in externally applied electric fields*. Appl. Phys. Lett. **97**, 242908 (2010).
- B. Knabe, D. Schütze, T. Jungk, M. Svete, W. Assenmacher, W. Mader, K. Buse. *Synthesis and characterization of Fe-doped $LiNbO_3$ nanocrystals from a triple-alkoxide method*. Phys. Stat. Sol. (a) **208**, 857-862 (2011).
- B. Knabe, W. Assenmacher, W. Mader, K. Buse. *Second-order nonlinear optical properties of lithium niobate nanocrystals at sizes between 5 nm and 50 nm*. Phys. Rev. B (2012) (eingereicht).
- B. Knabe, M. Ackermann, K. Buse. *Pyroelectric effect in lithium niobate nanocrystals*. (in Vorbereitung).

Danksagung

Während der Arbeit zu dieser Promotion habe ich einerseits viele Dinge gelernt, die in Zusammenhang mit dieser Arbeit stehen. Zum Beispiel bot diese Arbeit einen fachübergreifenden Aspekt, der mir ermöglichte einen Einblick in die Arbeitsformen anderer Fachrichtungen zu gewinnen. Andererseits ist Wissen mit Personen verbunden und wird erst durch die Interaktion mit ihnen relevant. Und daher spielten Menschen tatsächlich eine große Rolle, während der Promotion, und trugen dazu bei, es zu einem unvergesslichen Lebensabschnitt zu machen:

Prof. Dr. Karsten Buse, der mir die Möglichkeit gegeben hat, dieses spannende Thema zu bearbeiten. Durch seine fachliche Unterstützung, Begeisterung und Betreuung, zunächst an der Universität Bonn, im Rahmen des Heinrich-Hertz-Stiftungslehrstuhls der Deutsche Telekom AG, und später an der Universität Freiburg, war zu jeder Zeit eine fruchtbare Arbeitsatmosphäre sichergestellt.

Prof. Dr. Harald Giessen, für seine freundliche Übernahme der Aufgabe des Koreferiats dieser Arbeit. Die Zusammenarbeit mit seiner Gruppe stimulierte einige Ideen, wie man die Nanokristalle noch effektiver einsetzen kann. Auch möchte ich Prof. Dr. Margit Zacharias und Prof. Dr. Alexander Rohrbach danken, die sich bereit erklärt haben, Drittgutachter dieser Arbeit zu sein.

Dr. Wilfried Assenmacher und Prof. Dr. Werner Mader, des Instituts für anorganische Chemie, durch deren Unterstützung die quantitative Auswertung der synthetisierten Kristalle möglich wurde. Ihre Erfahrung mit der Synthese und Charakterisierung nanokristalliner Materialien half uns manchmal, wenn wir als Physiker schon fast vor der Chemie kapitulieren wollten.

Daniel Schütze, Matthias Ackermann, David Dung und Manuel Peter, die im Rahmen ihrer Abschlussarbeiten mit großem technischen und analytischen Geschick das Projekt vorantrieben. Oft waren die Messergebnisse nicht so optimal, wie wir uns es erhofft haben, aber dank ihrer Hartnäckigkeit und dem gegenseitigen Vertrauen, konnten wir immer eine Lösung finden. Mir war es zu jeder Zeit ein großes Vergnügen, mit ihnen zusammenzuarbeiten.

Allen weiteren Mitgliedern der ehemaligen Hertz-Gruppe, aber auch natürlich den neuen Gruppen „Technologie optische Materialien" und „optische Systeme", deren Mitglied ich sein durfte. Die große gegenseitige Hilfsbereitschaft war immer bemerkenswert. Auch möchte ich Prof. Dr. Volkmar Dierolf, von der LeHigh University, und Prof. Dr. Boris Sturman, von dem Institute for Automation and Electrometry in Novosibirsk, für die produktiven Diskussionen danken, die wir führen durften, als sie Gäste der Arbeitsgruppe waren.

Meinen Eltern und meinem Bruder, die mich schon seit 30 Jahren durch ihr Vorbild vorantreiben, durch ihre Unterstützung wurde alles erst ermöglicht, wofür ich sehr dankbar bin. Ich möchte aber auch besonders meiner Freundin Olga danken, die mich schon etwas länger als die Nanokristalle begleitet, und die keine Sekunde gezögert hat, um mit mir nach Freiburg zu gehen.